AF642495

»Strukturiert spazieren zu gehen heißt artgerecht spazieren zu gehen.«

José Arce

JOSÉ ARCE

Die José-Arce-Methode:

LIEBE DEINEN HUND

Wie Sie beim Gassigehen die Beziehung stärken

JOSÉ ARCE

Die José-Arce-Methode:

LIEBE DEINEN HUND

Wie Sie beim Gassigehen die Beziehung stärken

INHALT

SPAZIERENGEHEN – MIT UND AUS LIEBE

Warum ich ein ganzes Buch nur über das Spazierengehen geschrieben habe? Weil es in meinen Augen der »Beziehungskitt« überhaupt ist. Durch nichts vermitteln Sie Ihrem Hund klarer, dass Sie immer für ihn da sind, als unterwegs – vorausgesetzt natürlich, Sie berücksichtigen ein paar grundlegende Dinge.

Es gibt tausendundeinen Grund, warum Menschen sich einen Hund zulegen. Mit am häufigsten ist dabei aber sicher der Wunsch nach einem aktiveren Leben. Der Vierbeiner soll einen raus- und der Natur näherbringen. Viele zukünftige Hundehalter malen sich die gemeinsamen Spaziergänge vor ihrem inneren Auge als kleine Fluchten vom Alltag aus, als erholsame Auszeiten oder als Abenteuer in der Wildnis – oder zumindest im nahen Stadtwald. Immer dabei: der Partner auf vier Beinen, ohne den das Ganze nur halb so viel Spaß machen würde.

Zeit zu zweit in der freien Natur spielt beim Traum vom Hund oft eine große Rolle. Doch Träume platzen leider schnell und in der Realität sieht das Ganze dann ganz anders aus. Das tägliche Gassigehen wird schnell zur ungeliebten Pflicht, weil im Alltag nicht immer die Zeit für einen Ausflug ins Grüne ist. Und überhaupt macht der Hund gar nicht so mit, wie man es sich vorgestellt hat. Statt Seite an Seite treu neben seinem Frauchen oder Herrchen herzutraben, zieht er gehörig an der Leine, schnuppert, wo er will, bellt andere Hunde, Kinder oder Radfahrer an … Und wenn man ihn von der Leine loslässt, in der Hoffnung, es würde dann besser klappen, weil er sich so weniger eingeschränkt fühlt, macht er sich erst recht selbstständig. Wenn ich es nicht besser wüsste, würde ich sagen: Klar, dass die Menschen da die Lust verlieren. Dass sie nur noch schnell für eine Pipirunde rausgehen, zielstrebig eine Hundewiese anpeilen, wo sich der Hund »selbst« beschäftigen kann, während sie sich mit den anderen, irgendwie ebenso enttäuschten Hundehaltern unterhalten oder rasch mal schon was mit dem Handy erledigen können. Aber ich weiß es ja besser! Es gibt nämlich durchaus einen Weg, sich den schönen Traum vom gemeinsamen (Er-)Leben auch in der Realität zu erfüllen und das Gassigehen so zu gestalten, dass es für beide – Zwei- und Vierbeiner – zu jenem wunderbaren Erlebnis wird, das wir uns so sehr wünschen.

Wenn man sich beim Spazierengehen aufeinander einlässt, wächst die Bindung von Tag zu Tag mehr.

Jeder Hund ist einzigartig

Hunde sind, genau wie wir Menschen auch, ganz unterschiedlich – und damit meine ich jetzt nicht, dass die einen groß und die anderen klein sind, manche ein langes Fell haben und manche ein kurzes oder dass es Hunde gibt, die Wasser lieben, während andere für kein Leckerli der Welt tiefer als bis zu den Knöcheln ins Nasse waten würden.
Was ich meine, ist, dass unsere Hunde mit ganz unterschiedlichen Charakteren auf die Welt kommen. Da gibt es die Mutigen, Forschen, die keine Angst davor haben, sich auf unbekanntes Terrain zu begeben und gern mal die »Vorhut« machen. Im Hinblick aufs Gassigehen heißt das, dass sie sich vermutlich von Verkehr und Krach wenig beeindrucken lassen, dafür aber vielleicht gerne mal Artgenossen einschüchtern wollen, die sich ihnen gegenüber in ihren Augen nicht entsprechend zurückhaltend benehmen – zum Beispiel weil sie ganz einfach zum selben Hundetyp gehören. Gibt man diesen Hunden nicht den entsprechenden Halt, kann der Spaziergang schnell zu einem »Keifkonzert« werden, es wird gezogen und gezerrt – in beide Richtungen – und wenn der Hund frei laufen darf, startet er gerne mal Alleingänge oder auch die ein oder andere Attacke.
Das Gegenteil von diesen »Mir-gehört-die-Welt-Typen« sind unsichere, zurückhaltende Hunde, denen alles Neues erst einmal nicht so ganz geheuer ist oder die sich leicht und dementsprechend oft erschrecken. Mit ihnen kann jede stark befahrene Straße zum Spießrutenlauf werden, wenn man ihnen nicht genug Sicherheit vermittelt. Bei ungewohnten Untergründen hilft kein noch so gutes Zureden und wenn ein anderer Hund sie angeht, würden sie am liebsten Reißaus nehmen – dass sie dabei nicht auf den Verkehr achten und blindlings in ein Auto laufen würden, versteht sich von selbst.
Andere schüchterne Hund werden draußen zu Kläffern, in der Hoffnung, sich damit alles Bedrohliche vom Leib zu halten. Angriff ist schließlich die beste Verteidigung.

»Jeder Hund ist ein Individuum. Wir müssen seinen Charakter erkennen und respektieren.«

Natürlich gibt es auch noch die Hundetypen irgendwo dazwischen, die »normal« mutig und »normal« schüchtern sind und daher eigentlich mit allem (und allen) gut zurechtkommen. Aber auch sie können bei den unzähligen Einflüssen, die in unserer heutigen modernen Welt ständig auf sie einströmen, mal »kapitulieren«.
Worauf ich hinauswill: Wir Menschen müssen, egal, welchen Hundetyp wir an unserer Seite haben, Hilfestellung geben, damit unsere Vierbeiner die »Hürden«, die sich ihnen entgegenstellen, bewältigen können. Mehr noch: dass sie diese Hürden ganz entspannt »übersehen« können, weil sie wissen, dass wir bei ihnen sind.

Wer die Augen offen hält, findet überall Stellen, um den Spaziergang abwechslungsreich zu gestalten.

Spaziergang mit Hindernissen

Leider klappt das alles in den seltensten Fällen, wenn man einfach so Gassi geht, wie ich es nahezu überall beobachte, wenn ich draußen unterwegs bin: Da zieht der Hund an der Leine mal hierhin, mal dorthin oder hüpft an der Flexileine davon, bis er irgendwann »zurückkatapultiert« wird, während sein Mensch in den Himmel guckt (oder auf sein Smartphone), telefoniert, schimpft … Da sind zwar zwei Lebewesen zusammen unterwegs, aber sie sind es nicht als Team. Jeder »schwebt« auf seiner eigenen Wolke … Daher wundert es mich nicht, dass die meisten Leute mich deshalb um Hilfe bitten, weil sie unterwegs Probleme mit ihrem Hund haben.

»Ja, was soll man denn bitte auch machen, wenn der Hund überhaupt nicht folgt«, höre ich manche Leser an dieser Stelle in Gedanken fragen. Und die erste Antwort, die ich ihnen geben würde, wäre: Überdenken Sie Ihre Frage. Denn das Problem ist nicht der Hund, der nicht folgt. Das Problem sind wir Menschen, weil wir uns so verhalten, dass er uns gar nicht folgen kann.
Dabei liegt es eigentlich in der Natur jedes Hundes, dass er uns Menschen gerne folgt. Hunde sind nämlich keine zahmen »Wildtiere«, sie sind keine domestiziertenWölfe. In den vielen Tausend Jahren, in denen sie sich uns angeschlossen haben, haben sie sich zu einer eigenen Spezies entwickelt, für die wir die wichtigsten Sozialpartner sind. Daher ist im Grunde alles, was wir tun müssen, dafür zu sorgen, dass sie diesen natürlichen Instinkt nicht »verlernen« – was leicht gelingt, indem wir ihnen genau das geben, was sie brauchen (siehe ab Seite 29).

Gassigehen ist Teamarbeit

Eins steht fest: Gassigehen tut allen gut. Dem Hund, weil er Bewegung hat, sich lösen und sein Geschäft verrichten kann, Kontakt zu Artgenossen hat … Und dem Menschen, weil er an die frische Luft kommt, läuft, mal abschalten kann …
Am allermeisten aber profitiert die Beziehung zwischen Zwei- und Vierbeinern. Was sie vom Gassigehen hat? Alles! Die gemeinsame Zeit stärkt die Bindung mehr als alles

GARTEN ODER SPAZIERGANG?

Es ist egal, ob Sie einen großen oder einen kleinen Hund haben: Sie sollten mindestens zweimal am Tag ausgiebig mit ihm spazieren gehen. Ihn einfach in den Garten zu schicken ist keine Alternative, auch wenn das Grundstück noch so groß ist. Im Gegenteil: Weil der Hund dort allein auf sich gestellt ist, wird er sich instinktiv dafür verantwortlich fühlen, und dieses »Bewusstsein« legt er an der Türschwelle nicht einfach wieder ab. Er denkt dann auch in anderen Situationen leichter einmal, dass er selbst dafür sorgen muss, dass alles so läuft, wie es in seinen Augen sein soll (siehe auch ab Seite 21). Und weil er »Probleme« nicht auf Menschen-, sondern auf Hundeart regelt, indem er zum Beispiel knurrt, bellt oder schnappt, kommt es schnell mal zu Missverständnissen, die die Mensch-Hund-Beziehung enorm beeinträchtigen können.
Im Gegensatz dazu können Sie durch gemeinsame Spaziergänge so gut wie jedes Problem lösen, das Sie mit Ihrem Hund haben (oder er mit Ihnen). Denn beim Gassigehen, wenn Sie es so machen, wie ich es Ihnen in diesem Buch erkläre, bekommt Ihr Hund alles, was er braucht, um sich zu einem ausgeglichenen und entspannten Begleiter zu entwickeln.

Der strukturierte Spaziergang hilft dem Hund, Ruhe zu finden – draußen und daheim.

andere. Denn was man zusammen erlebt, schweißt zusammen. Abgesehen davon haben Sie nirgends mehr Gelegenheiten, Ihrem Hund zu zeigen, dass Sie in jeder Situation die Verantwortung für ihn übernehmen und er sich bei Ihnen absolut sicher fühlen kann. Genau dieses Gefühl ist es nämlich, das er braucht, um sich wohlzufühlen und den Kopf frei zu haben für die wirklich wichtigen Dinge – zum Lernen beispielsweise oder einfach zum Spaßhaben.

»Aber deshalb gleich ein ganzes Buch nur übers Gassigehen?«, werden sich trotzdem viele fragen. »Das ist doch etwas ganz Normales. Das macht man halt so …« Und ja: Der gemeinsame Spaziergang ist für viele Hundehalter fester Bestandteil ihres Alltags. Dennoch messen ihm die wenigsten die Bedeutung zu, die ihm tatsächlich zukommt. Leider klappt das mit dem »richtigen« Spazierengehen aber nicht einfach so nebenbei. Im Gegenteil: Spazierengehen nach der José-Arce-Methode ist Arbeit – aber solche, die Spaß macht. Außerdem ist es echte Beziehungsarbeit. Der Lohn dafür ist überwältigend. Nicht nur wird das Gassigehen immer entspannter. Auch viele andere Probleme im Mensch-Hund-Team lösen sich quasi von alleine. Weil der Hund endlich dort ankommen kann, wo er hinwill: an der Seite seines Menschen. Als dessen treuer Begleiter.

Um Ihnen Schritt für Schritt zu zeigen, wie Sie den gemeinsamen Spaziergang noch mal ganz neu erlernen können, habe ich dieses Buch geschrieben, das zahlreiche Tipps und Ratschläge beinhaltet, die ich auch meinen Klienten oder bei meinen Workshops gebe – in denen wir vor allem eins tun: sehr viel spazieren gehen. Nach meiner Methode.

»Hunden geht es gut, wenn sie sich sicher fühlen und uns voll und ganz vertrauen können. Das kann man ihnen nirgends besser zeigen als beim Spazierengehen.«

Der strukturierte Spaziergang

Das Besondere an meiner Art des Spaziergangs ist, dass sich der Hund die meiste Zeit auf seinen Menschen konzentrieren muss. Etwa 90 Prozent soll er unser Begleiter sein und im Team neben uns herlaufen und sich nicht ablenken lassen – was für ihn anstrengender ist, als 100-mal einem Ball nachzurennen oder mit anderen Hunden auf der Wiese zu toben. Warum? Weil es seinen Kopf auslastet und seiner Natur entspricht.

Die restlichen zehn Prozent ist dann Zeit zum Herumschnüffeln, zum Sich-Ausruhen oder zum Spielen.

Sie sehen schon: Das Verhältnis ist genau umgekehrt zu dem, was die meisten von Ihnen vermutlich kennen und tagtäglich praktizieren. In der Regel versuchen Hundehalter nämlich beim Gassigehen, so schnell es geht, an eine Stelle zu kommen, an der der Hund frei laufen und sich austoben kann. Das ist sicher gut gemeint. Allerdings reduzieren sie dadurch die Zeit, in der sie wirklich als Team zusammen unterwegs sind. Denn auf der Hundewiese, im Wald oder irgendwo sonst in der freien Natur ist die Ablenkung für den Hund groß und er wird sich, wenn man es ihm nicht anders beibringt, eher wenig an seinem Frauchen oder Herrchen orientieren, noch dazu wenn die beziehungsweise der ihm quasi offiziell die Erlaubnis gibt, sich auf eigene Verantwortung herumzutreiben.

Das Besondere an meiner Art, Gassi zu gehen: den größten Teil läuft der Hund einfach neben Ihnen her.

Beim strukturierten Spaziergang dagegen, macht, wie gesagt, der »freie« Teil zeitlich auch den kürzesten aus. Das heißt: Wenn Sie rund 90 Minuten unterwegs sind, dauert die Pause gerade mal etwa 10 Minuten.
Sie finden, das klingt recht kurz? Ist es aber nicht. Denn wie Sie im nächsten Kapitel lesen werden, sind es ganz andere Dinge, die ein Hund braucht, um glücklich zu sein, als auf eigene Faust die Welt zu entdecken (siehe ab Seite 29). Für sein Wohlbefinden ist es viel wichtiger, dass er sich bei Ihnen gut aufgehoben fühlt – und das tut er nicht (nur), weil Sie ihm täglich etwas zu fressen geben, ihm in Ihrer Wohnung eine Bettstatt freiräumen oder ihn abends ausgiebig vor dem Fernseher hinter den Ohren kraulen. Das alles braucht ein Hund natürlich auch. Vor allem aber braucht er jemanden, der die Verantwortung für ihn übernimmt und der ihm im Alltag ein Vorbild ist, an dem er sich orientieren kann – in allen Lebenslagen. Und es gibt in meinen Augen nichts Besseres, um ihm das zu zeigen, als den strukturierten Spaziergang. Nicht ab und zu als Abwechslung. Nicht als Übung regelmäßig ein paar Mal pro Woche. Nein, jeden Tag! Mehrmals. Denn der strukturierte Spaziergang ist die einzige artgerechte Art, mit seinem Hund spazieren zu gehen.

Nirgendwo sonst können Sie Ihrem Hund so gut zeigen, dass er zu Ihnen gehört, wie beim Spazierengehen.

EIN GUTES TEAM

Wir alle lieben unsere Hunde. Doch welche Bedürfnisse haben sie wirklich? Auf was müssen wir achten, damit sie sich rundum wohlfühlen und sich zu souveränen Partnern auf vier Pfoten entwickeln?

SO SIND HUNDE

Ob Mops, Retriever oder Dogge: In jedem unserer Haushunde fließen noch ein paar Tropfen Wolfsblut und dieses wilde Erbe ist verantwortlich für eine gewisse natürliche »Programmierung«: die Instinkte.

Wie jedes Lebewesen verfügt auch ein Hund über verschiedene angeborene Verhaltensmuster, die sich im Lauf der Evolution immer weiterentwickelt und verfeinert haben, um das Überleben seiner Spezies zu sichern. Zu den bekanntesten dieser Instinkte gehören sicherlich der Sexual-, der Jagd- und der Territorialinstinkt, also die natürliche Bereitschaft, sich zu vermehren, Nahrung zu beschaffen und den eigenen Lebensraum zu verteidigen. Einer der wichtigsten hündischen Instinkte aber ist der soziale Rudelinstinkt. Ja, er schafft gewissermaßen sogar erst die die Voraussetzung für alle anderen Instinkte, denn ohne ihn ist kein harmonisches Zusammenleben möglich – weder in einem wilden Hunderudel noch in der »Mensch-Hund-Familie«. Und ohne dieses friedliche Umfeld werden Schlafen, Fressen oder Fortpflanzung schnell lebensgefährlich …

Der soziale Rudelinstinkt

Vermutlich liegt es auch an diesem sozialen Rudelinstinkt, dass wir Menschen das Zusammenleben mit unseren Hunden so sehr genießen. Schließlich wollen unsere Vierbeiner in unserer Nähe sein. Sie wollen den Tag mit uns verbringen, von uns lernen und mit uns kommunizieren. So wie wir es auch mit ihnen tun wollen.
Genau das Gleiche nämlich passiert in einem Hunderudel: Da lernen die Jungen von den Alten, man geht zusammen auf die Jagd und passt aufeinander auf – und auf das Gebiet, das man gemeinsam bewohnt. Jeder Einzelne weiß instinktiv, was er zu tun hat und was die besonderen Fähigkeiten der anderen Rudelmitglieder sind.

EINER FÜR ALLE, ALLE FÜR EINEN

Damit das Rudel »funktioniert«, können natürlich nicht alle dasselbe machen. Es braucht Rudelmitglieder, die potenzielle Nahrungsquellen aufstöbern, während andere sie nach hinten absichern oder »zu Hause« auf die Jungtiere achten und das Revier verteidigen. Vor allem aber braucht es eine oder einen, die/der die ganze Truppe anführt und im Notfall Entscheidungen trifft, von der in der Wildnis durchaus auch mal das Überleben abhängen kann.

Diese Anführerin beziehungsweise dieser Anführer ist – auch hier folgen Hunde ihrem Instinkt – nicht dasjenige Rudelmitglied, das besonders laut, aufgeregt oder aggressiv ist, sondern immer dasjenige, das besonders viel Ruhe und Sicherheit ausstrahlt – und das auch an die anderen vermitteln kann, beispielsweise um Streit zu schlichten und so für Ruhe und Ordnung im Rudel zu sorgen. Solche Anführerqualitäten hat nicht jede/jeder – und es will sie auch gar nicht jede/jeder haben, schließlich ist mit ihnen jede Menge Verantwortung verbunden. Die meisten Hunde fühlen sich viel wohler, wenn sie sich einfach in die Gruppe einordnen können. Als einer unter vielen. Das bedeutet nicht, dass diese Hunde ihre Interessen aufgeben und für den Fortbestand des Rudels nicht wichtig wären. Jeder hat seine Rolle, damit alles optimal läuft. Aber sie haben einfach kein Problem damit, dass ein anderer die wichtigen Entscheidungen trifft.

Erst wenn das Leittier stirbt oder aufgrund einer Verletzung oder Erkrankung seine An-

Damit sich Hunde immer so pudelwohl fühlen wie dieser hier, muss man ihre Bedürfnisse respektieren.

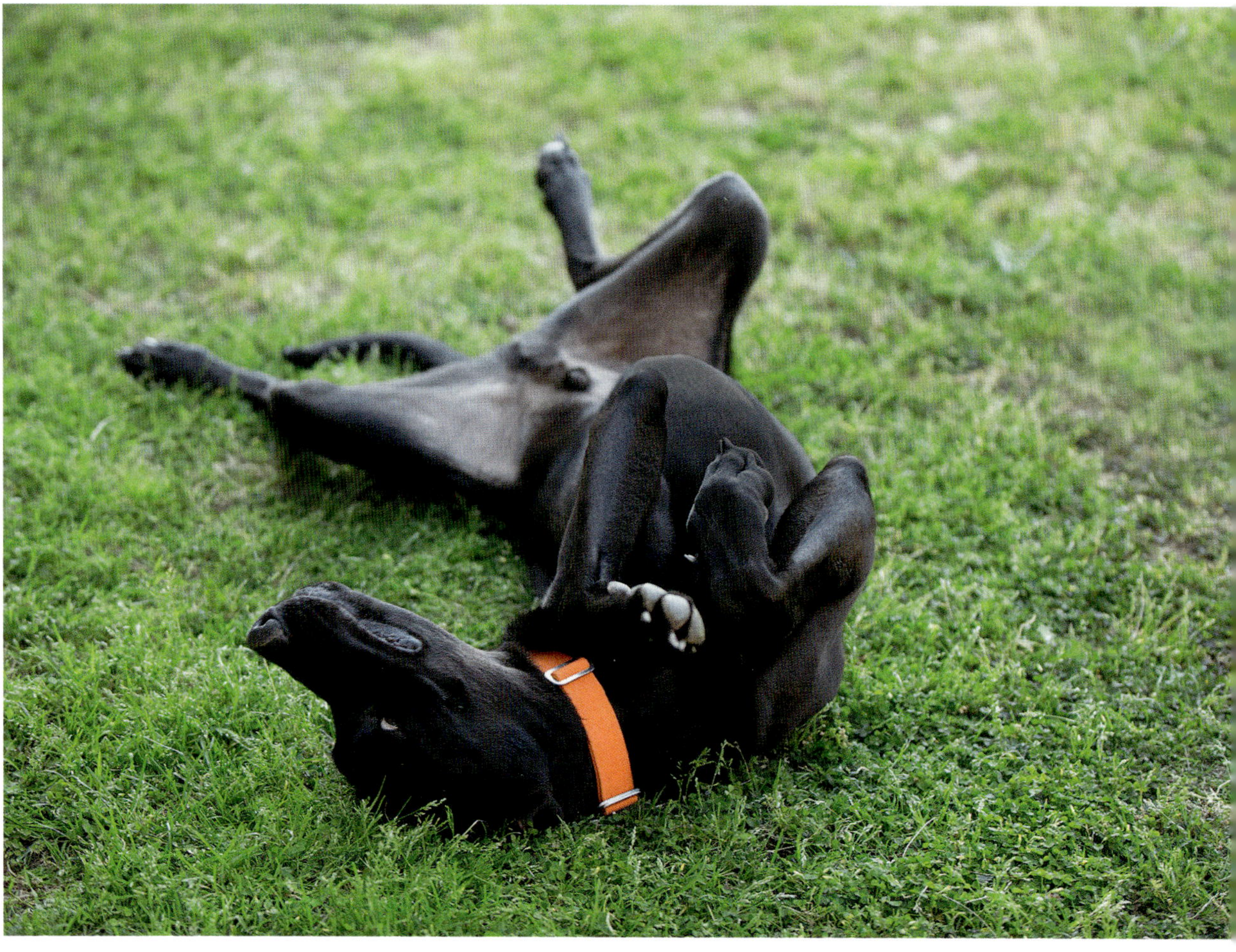

führerrolle (zeitweise) nicht mehr ausfüllen kann, übernimmt (eventuell auch nur zwischenzeitlich) ein anderer – und zwar die- oder derjenige, die/der von den Übrigen die/der Ruhigste und Sicherste ist. Ein »Emporkömmling« mit herrischen Absichten, aber ohne die entsprechenden Voraussetzungen könnte sich, anders als bei uns Menschen, gar nicht durchsetzen. Das restliche Rudel würde ihn nicht akzeptieren und ihm daher einfach nicht »folgen«.

Hunde erhalten Informationen auf anderem Weg als wir. Berücksichtigt man das, erleichtert es die Kommunikation.

Zufriedene Hunde, zufriedene Menschen

Zwar leben heute nur noch die wenigsten Hunde, beispielsweise Straßenhunde, auf sich gestellt in einem Rudel. Stattdessen sind sie fast immer Teil einer Menschenfamilie. Das bedeutet aber nicht, dass ihr sozialer Rudelinstinkt nicht immer noch vorhanden ist – genauso wie alle anderen Instinkte. Und sosehr sie auch bemüht sind, sich unserem Leben anzupassen, können sie nicht aus ihrer Haut. Denn ihre Instinkte können sie nicht kontrollieren. Sie haben ihre Wurzeln in den genetischen Anlagen unserer vierbeinigen Partner und werden durch bestimmte Situationen und Reize automatisch ausgelöst. Wollen Mensch und Hund harmonisch zusammenleben, muss der Mensch daher die Rolle des besonnenen Verantwortlichen übernehmen und derjenige sein, auf den sich der Hund verlassen und an dem er sich orientieren kann. In dieser Konstellation fühlt sich der Vierbeiner aufgehoben. Er weiß nicht nur instinktiv, dass er nicht dafür sorgen muss, dass es etwas zu fressen oder einen sicheren Schlafplatz gibt, sondern auch, dass sich ebenso alle anderen Konflikte mit der Hilfe und Unterstützung seines Menschen lösen lassen, weil dieser verlässlich dafür sorgt, dass keinem in seiner Gruppe etwas zustößt. Wenn sich ein Hund so pudelwohl fühlt, profitiert natürlich auch sein Zweibeiner davon:

> »Unsere Haushunde haben dieselben Instinkte wie ihre Ahnen. Und sie können sie genauso wenig kontrollieren.«

Der Hund ist dann lernbereit, weil er sich um nichts anderes Gedanken machen muss. Er tut, was man ihm beibringt, und benimmt sich so, wie man es sich wünscht. Dementsprechend entspannt ist deshalb wiederum der Mensch – und diese innere Gelassenheit und Ruhe beeinflusst wieder den Hund positiv. Und so weiter und so weiter …

Was für unerfahrene Hundehalter klingen mag wie eine Beschwörungsformel, ist der einfachste Weg zu einer entspannten und glücklichen Mensch-Hund-Beziehung. Denn nichts macht einen Vierbeiner ausgeglichener und zufriedener, als in einer Gruppe seine natürliche Position einzunehmen. Alles was sein Frauchen oder Herrchen dafür tun muss, ist …

- ihm Ruhe und Sicherheit zu schenken,
- auf eine für ihn verständliche Weise mit ihm zu kommunizieren und
- ihn artgerecht auszulasten –
- kurzum ihn nicht zu vermenschlichen, sondern auf die Weise zu fördern und zu fordern, dass er sich optimal entwickeln kann – zu genau dem Hund, den man sich wünscht. Wie Sie all das am besten anstellen, erfahren Sie im nächsten Kapitel (siehe ab Seite 29).

Wenn die Balance kippt

Hunde sind nicht so »modern« wie wir Menschen. Sie bestehen weder auf Demokratie noch auf Gleichberechtigung. Und einfach nebeneinanderher zu leben, nach dem Motto »Leben und leben lassen«, ist überhaupt nicht ihr Ding. Sie wollen klare Verhältnisse. Wenn der Mensch nicht die Rolle des »Familienoberhaupts« einnimmt, wenn also ein echter Verantwortlicher fehlt und der Hund sich deswegen nicht ausreichend sicher und aufgehoben fühlt, springt daher automatisch die schon erwähnte »Nachfolgeregelung« an (siehe Seite 20 f.): Ein neuer »Chef« muss her. Und weil außer ihm kein anderer Anwärter zur Stelle ist, springt der Hund gezwungenermaßen eben selbst ein – auch wenn er vom Charakter eigentlich gar nicht für diese Position »ausgestattet« ist.

»Hat der Hund das Gefühl, er müsse sich selbst um alles kümmern, kommt es zwangsläufig zu Problemen.«

Das Problem dabei ist: Ein Hund kann ein Mensch-Hund-Team nicht wie ein Mensch anführen, sondern nur wie ein Hund. Das heißt, er wird sich in kritischen Situationen, die seiner Meinung nach der Klärung bedürfen, hündischer Maßnahmen bedienen. Und das heißt unter anderem, dass er viel bellen und vermutlich sogar mal schnappen wird. Wenn es sein muss, auch (seinen) Menschen. Die Erklärung dafür ist recht einfach: Der Mensch ahnt nichts von den inneren Mechanismen, die den Hund in diese Rolle schlüpfen lassen, und wird deswegen weiterhin

Für einen Hund ist sein Mensch das Wichtigste überhaupt. Das bringt natürlich Verantwortung mit sich.

Dinge von ihm verlangen, die in einem Rudel niemand von ihm fordern würde. Das wiederum kann der Hund nicht hinnehmen, denn er sieht sich ja jetzt als »Chef« und muss sich daher von niemandem etwas sagen lassen. Es ist vielmehr seine Aufgabe, so einen »Quertreiber« in seine Schranken zu weisen. Und deswegen wird er nicht nur versuchen, möglichst immer vorne zu laufen, sondern auch mal knurren oder sogar schnappen, wenn er meint, man wolle ihm seine Position streitig machen. Und schon hat man ein Problem.

WER IST DER »BOSS«?

Zu Hause fällt es oft noch nicht mal so auf, wenn der Hund der »Boss« ist. Denn in den eigenen vier Wänden fühlt er sich normalerweise recht sicher. Das kann sich aber schon in dem Moment ändern, wenn es an der Haustür klingelt. In dem Maße, in dem der Mensch den sozialen Rudelinstinkt nicht »kontrolliert«, indem er seinem Hund kein sicherer, ruhiger verantwortlicher Mensch ist, greifen nämlich auch die anderen Instinkte mehr und mehr. Der Territorialinstinkt beispielsweise zeigt sich dann in übermäßigem Bellen oder darin, dass kein Fremder die Wohnung betreten darf.

Noch deutlicher wird das »verdrehte« Verhältnis im Freien. Hunde, die denken, sie seien der Boss, gehen mit ihren Menschen spazieren – nicht umgekehrt. Sie bestimmen, wo es langgeht und in welchem Tempo.

Stellt sich ihnen jemand oder etwas in den Weg, wird er/es weggebellt – oder es werden gleich noch aggressivere Maßnahmen ergriffen. Ohne Leine machen sich diese Hunde schnell selbstständig, frönen ausgiebig ihrer Jagdleidenschaft, attackieren Artgenossen … Kurzum, Sie sind der Schrecken aller anderen Hundehalter – und nicht selten auch der ihrer eigenen Menschen. Dabei tut der Hund doch nur, was für ihn ganz natürlich ist: Er sorgt für Ordnung. Auf seine Weise. Dass das für seinen Menschen und für viele andere auch der reine Terror ist, versteht er nicht. Er folgt schließlich nur seinen Instinkten.

Hilfe zur Selbsthilfe

Genau seine Instinkte sind es aber auch, die jedem Hund dabei helfen können, (wieder) in seine angestammte Position zu finden. Dorthin, wo er sich wohlfühlt und es ihm gut geht. Mehr als auf alles andere ist er dabei auf seinen Menschen angewiesen. Wenn dieser ihm nicht die Sicherheit und Ruhe gibt, die er braucht, kann er nicht zu dem Hund werden, von dem jener träumt und den er sich wünscht. Beziehungsarbeit bedeutet also immer auch Arbeit an uns selbst. An unserem eigenen Verhalten, an unserer Haltung und an unserer Ausstrahlung.

Was Sie alles verändern können, damit sich Ihr Hund Ihnen (wieder) voll anvertrauen kann, verrate ich Ihnen auf den folgenden Seiten. So viel aber schon vorweg: In jedem Hund steckt das Potenzial, zum weltbesten Partner auf vier Pfoten zu werden. Und am schnellsten wecken Sie dieses Potenzial, indem Sie ihm immer wieder beweisen, dass Sie wissen, worauf es ankommt. Und wo könnte das besser gehen als beim täglichen Spaziergang? Nirgends!

Wer beim Spazierengehen ein paar Regeln berücksichtigt, wird schnell zum eingespielten Team.

WAS HUNDE WIRKLICH VON UNS BRAUCHEN

Leckeres Futter, ein gemütliches Körbchen, Kauknochen, Spielzeug ... Klar gefällt das einem Hund. Worauf er aber wirklich angewiesen ist, um sich wohlzufühlen, ist etwas ganz anderes.

Sosehr ich mich darüber freue, dass immer mehr Menschen mit einem Hund an ihrer Seite leben wollen – schließlich liebe ich selbst Hunde über alles –, erscheint es mir doch so, dass es zwischen Menschen und Hunden immer öfter zu Schwierigkeiten kommt. Das liegt meiner Meinung nach daran, dass unsere Vierbeiner uns in so vielem so ähnlich sind, dass wir schnell mal vergessen, dass sie darüber hinaus auch ein paar ganz spezielle Bedürfnisse haben, die sich doch gehörig von unseren eigenen unterscheiden. Wir beachten zum Beispiel weder, dass sie – zu Hause genauso wie unterwegs – einen verantwortungsbewussten Menschen brauchen, an dem sie sich orientieren können. Oder dass sie regelmäßig Auszeiten benötigen und zur Ruhe kommen müssen, um sich sicher zu fühlen. Dass sie sich nicht nur viel Bewegung wünschen, sondern auch ihr »Köpfchen« einsetzen wollen. Oder dass sie eine völlig andere Sprache sprechen als wir und uns deswegen ganz oft einfach nicht verstehen – und wir sie auch nicht. Kein Wunder, dass es irgendwann kracht.

Übernehmen Sie Verantwortung

Als Hundehalter müssen Sie bereit sein, die volle Verantwortung für Ihren Vierbeiner zu übernehmen. Das heißt nicht nur, ihn ausreichend zu füttern, ihn regelmäßig zu entwurmen und zu impfen und eine Versicherung abzuschließen, falls doch mal irgendetwas passiert. Ich finde, das alles sollte selbstverständlich sein – und ist es für die meisten zum Glück auch.

Verantwortung übernehmen heißt aber auch (und vor allem), dafür zu sorgen, dass ein Hund innerhalb der Familie seine natürliche Rolle einnehmen kann. Denn nur dann fühlt er sich sicher und ist ruhig und ausgeglichen. Genau daran scheitert es aber häufig. Viele Menschen bemühen sich nicht, ihren Hunden genug Sicherheit zu vermitteln. Sie achten nicht darauf, dass sie genug Ruhe finden, und geben ihnen nicht genug Aufgaben. Das alles verunsichert Hunde. Und genau diese Unsicherheit ist der Ursprung zahlreicher Probleme – auch beim Spazierengehen, da

Gelassenheit überträgt sich: Ist der Mensch entspannt, kann der Hund ebenfalls loslassen.

sogar ganz besonders. Ich sage nur zerren, kläffen, schnappen …
Wie gut, dass sich all das gerade durch und beim Spazierengehen ändern lässt – wenn Sie es auf meine Art machen. Und das Beste: Ihr Hund wird auch zu Hause weniger »rumspinnen«, denn der positive Effekt des strukturierten Spaziergangs macht nicht vor der Haustür halt. Er wirkt sich vielmehr auf alle Bereiche des Zusammenlebens positiv aus. Sie werden staunen …

Sicherheit geben und souveränes Vorbild sein

Wie ich bei meinen Workshops und in Einzelberatungen immer wieder feststelle, haben sehr viele Hundehalter ein Riesenproblem damit, sich als Verantwortlichen zu sehen, weil das für sie irgendwie nach tyrannischer Alleinherrschaft klingt, nach vielen Verboten und noch mehr Strafen – und so gar nicht nach Liebe. Dabei wollen sie doch genau die ihrem Hund geben. Ich erkläre dann immer, dass es überhaupt nichts Negatives ist, der »Chef« zu sein. Im Gegenteil! Wer seinen Hund wirklich liebt, sollte diesen Posten unbedingt anstreben.

WERDEN SIE CHEF!

Ein guter Chef zu sein ist ein Privileg, denn nicht jeder ist dazu geeignet – das ist bei uns Menschen nicht anders als unter Hunden. Seine Aufgabe ist es, für Stabilität im Team zu sorgen, verschiedene Bedürfnisse und Interessen unter einen Hut zu bringen und zu schauen, dass alles möglichst rund läuft und sich alle wohlfühlen. Das alles erreicht man nicht, indem man viel herumschreit, andere klein hält und nur auf seinen eigenen Vorteil achtet. Und auch nicht, wenn man ständig unsicher, nervös und zappelig ist, aus Angst, man könnte sich lächerlich machen, eine falsche Entscheidung treffen oder ein anderer könnte einem den Platz an der Spitze streitig machen. In beiden Fällen wird die Autorität vielmehr recht schnell angezweifelt und man wird wohl kaum viel Rückhalt durch sein Team haben.
Ein guter Chef ist ruhig und ausgeglichen. Vor allem aber ist er gelassen. Er weiß, was er will – und liebt seinen Hund. Das bedeutet, dass er nicht gleich aufgibt, wenn irgendwas nicht auf Anhieb klappt. Dass er ruhig immer weiter daran arbeitet, auf seinem Standpunkt besteht, ohne ungeduldig zu werden, und dass er ein Umfeld schafft, in dem er seine Ziele möglichst bald erreicht – weil es dem Hund so leichter fällt, die Dinge zu tun, die er tun soll. Und schon sind wir bei der einfachen Formel für ein glückliches und harmonisches Mensch-Hund-Gespann: gelassener Mensch = gelassener Hund. Es ist also für alle nur gut, wenn Sie sich entscheiden, ein verantwortlicher Mensch für den Hund zu sein.

»Hunde sind der Spiegel ihrer Menschen. Sie zeigen uns, wie wir ticken.«

SEIEN SIE VORBILD!

Ein guter Chef zu sein heißt auch, ein gutes Vorbild zu sein. Unsere Vierbeiner begreifen unsere Welt nämlich vor allem, indem Sie sich an uns orientieren. Sie schauen sich von uns ab, wie das Leben funktioniert. Das gilt insbesondere draußen, wo heute kaum noch etwas so ist, wie es früher einmal war. Stattdessen findet man, wo man auch hinschaut, Autos, Lärm, Gestank, Ablenkung – und meist viel zu wenig Platz, um alldem aus dem Weg zu gehen. Umso wichtiger ist es, draußen die nötige Ruhe auszustrahlen, damit sich unsere Hunde ein Stück davon »abschneiden« können und auch in kritischen Situationen möglichst gelassen bleiben.
Ein angespannter Mensch wird immer auch einen angespannten Hund haben, weil dieser dann einfach stets das Gefühl haben wird, auf der Hut sein zu müssen. Genauso ist ein Hund nervös und ängstlich, wenn es sein Mensch ist. Und wer unsicher ist, kann nicht genießen. Der Spaziergang bedeutet dann für den Hund nichts als Stress. Artgerecht ist das auf keinen Fall.
Damit ein Spaziergang der Natur Ihres Hundes entspricht, muss er so organisiert sein, dass dieser sich selbst keinen großen Kopf zu machen braucht. Und genau das gelingt nur, wenn er einfach seinen Menschen, also Sie, begleiten kann – wohl wissend, dass dieser zuverlässig dafür sorgen wird, dass nirgendwo Gefahr droht. Genau das ist der Ansatz des strukturierten Spaziergangs: Die meiste Zeit macht der Hund nämlich genau das. Er läuft einfach nebenher.

ENTSPANNEN SIE!

Gerade beim Spaziergang braucht ein Hund Führung und Regeln, denn sie gehen ihm in unserer hektischen Welt Halt und Sicherheit. Wenn wir unseren Vierbeinern nicht deutlich signalisieren, dass wir alles unter Kontrolle und die Situation im Griff haben, zwingen wir sie regelrecht dazu, selbst dafür zu sorgen. Was das bedeutet, merkt man sehr

HUNDE BRAUCHEN GRENZEN

Hunde sind nicht glücklich, wenn sie immer machen dürfen, was sie wollen. Vielmehr macht sie das haltlos und unsicher. Wie Kinder, deren Eltern alles egal ist, fühlen sie sich als Individuen dann nämlich nicht wertgeschätzt.
Hunde brauchen, um sich wohlzufühlen, klare Regeln und verlässliche Strukturen. Lässt man ihnen alles durchgehen, auch wenn man das nur mit guten Absichten macht, weil man sie nicht einengen möchte, tut man ihnen nichts Gutes. Wenn der Hund »grenzenlos« ist, ist er ständig damit beschäftigt, auszuprobieren was geht und was nicht – und das führt nicht nur ständig zu Missverständnissen und Ärgernissen, es schwächt auch das Vertrauen zueinander und die Bindung.

Meine Art des Spaziergangs unterscheidet sich vom üblichen Gassigehen wie das Licht vom Schatten.

schnell: Um die Lage optimal checken zu können, laufen sie voran und zerren dementsprechend an der Leine. Potenzielle Gefahren und Angreifer werden aus dem Weg gebellt oder gleich attackiert – das bedeutet noch mehr Zug an der Leine. Und weil Zug immer auch Gegenzug mit sich bringt, ist die Leine nur noch straff gespannt wie eine Gitarrenseite. Dabei sollte sie doch so locker baumeln wie eine Handtasche eines jungen Mädchens beim Shopping.

Ein weiteres Problem: Ist die Leine immer auf Zug, ist der Mensch am anderen Ende in der Regel genauso (an)gespannt wie diese – bis zum Zerreißen. Und weil dazu noch das Halsband würgt, verbindet der Hund die Leine bald nicht mehr mit schönen Dingen, sondern in erster Linie mit Aufregung und Schmerz. Dabei sollte sie doch die Verbindung zu seinem Menschen sein, die ihm zeigt, wo er hingehört: an dessen Seite (siehe auch Seite 64–65).

Wenn es (wieder) gelingt, die Kontrolle zu übernehmen und dem Hund zu zeigen, dass man unterwegs die Verantwortung trägt, nimmt man ihm die Bürde ab, unentwegt entscheiden zu müssen. Er kann sich dann endlich entspannen und muss nichts tun, als seinem Menschen zu folgen – im wortwörtlichen Sinn. Während vorher der Spaziergang in erster Linie Stress und Aufregung bedeutet hat, kann er ihn jetzt in vollen Zügen genießen und hat richtig Spaß.

»Hunde können den Spaziergang genießen, wenn sie sich auf ihren Menschen verlassen können.«

Hunde wollen nicht vermenschlicht werden

Wir tun unseren Hunden nichts Gutes, wenn wir ihnen unterstellen, dass sich unsere eigenen Bedürfnisse automatisch mit den ihren decken. Nur weil uns etwas gefällt, muss es ihnen noch lange nicht gefallen. Umso mehr Hunde allerdings zu »echten« Familienmitgliedern werden, umso größer ist auch die Gefahr, dass man sie vermenschlicht – und ihnen damit schadet.

Ich meine mit Vermenschlichen nicht, dass wir unseren Hunden Menschennamen geben, sie bei uns auf dem Sofa sitzen lassen oder ihnen mal einen Mantel anziehen, wenn es draußen nass und kalt ist. Das macht ihnen, auch wenn es immer wieder behauptet wird, nämlich gar nichts aus – solange wir sie sonst artgerecht behandeln und sie nach ihrer Natur leben dürfen.

Kritisch wird es, wenn wir die Instinkte unserer Hunde nicht respektieren und ihre natürlichen Bedürfnisse nicht respektieren und stillen – allen voran die nach einem ruhigen, sicheren Menschen, an dem sie sich orientieren und in dessen Obhut sie sich begeben können. Denn damit verhindern wir letztendlich, dass sie glücklich werden. Eine gute Beziehung kann so natürlich nicht entstehen.

Hunde haben feine »Antennen« – nicht nur für Fährten, sondern für alles, was um sie herum so passiert.

Sich um gar nichts kümmern zu müssen und nur den Moment zu genießen: das lieben Hunde.

VON GUTEN UND SCHLECHTEN GEFÜHLEN

Wir vermenschlichen Hunde auch, wenn wir ihr Verhalten nach menschlichen Kriterien beurteilen. Dann sind Fehlinterpretationen nämlich vorprogrammiert. So ist zum Beispiel ein Hund, der beim Gassigehen immer vorne gehen will, nicht neugierig und auch kein »kleiner Macho, der halt gern zeigt, was er kann und hat«. Genauso wenig freut sich ein Hund immer, der sich in die Leine hängt und aufgeregt mit der Rute wedelt …
Vielmehr sind beide Verhaltensweisen ein deutliches Zeichen dafür, dass der Hund aufgeregt ist und sich bei seinem Menschen

> »Wir verstärken durch unser Verhalten das Verhalten unserer Hunde – im Positiven wie im Negativen.«

nicht sicher genug fühlt. Wer jetzt noch ständig auf so einen Hund einredet, ihn schimpft oder wild durch sein Fell strubbelt, verstärkt diese Aufregung noch zusätzlich – und dadurch büßt dieser immer noch mehr an Souveränität ein.

Durch die Emotionen, die wir dabei zeigen, signalisieren wir in den Augen eines Hundes nämlich vor allem Schwäche – und Schwäche ist genau das Gegenteil von Sicherheit und Ruhe. Wie soll er uns da vertrauen können? Leider sind gerade auch solche Emotionen, die bei uns Menschen positiv belegt sind wie Liebe oder Mitgefühl, für Hunde ein Zeichen der Schwäche. Sie helfen einem unsicheren Hund also nicht, wenn Sie Mitleid mit ihm haben. Im Gegenteil, durch die Stimmlage und die innere Haltung, die Sie ihm gegenüber einnehmen, verunsichern Sie ihn nur noch mehr. Was er bräuchte, wäre ein starker Mensch an seiner Seite, dessen Ruhe und Souveränität sich mit der Zeit auch auf ihn selbst überträgt. So aber schrillen beim Hund alle Alarmglocken.

Während ein unsicherer Vierbeiner durch »falsches« Mitleid noch unsicherer wird, kann es bei einem eher vorwitzigen Charakter (siehe Seite 9) dafür sorgen, dass er nicht den sicheren Menschen in uns sieht, der wir

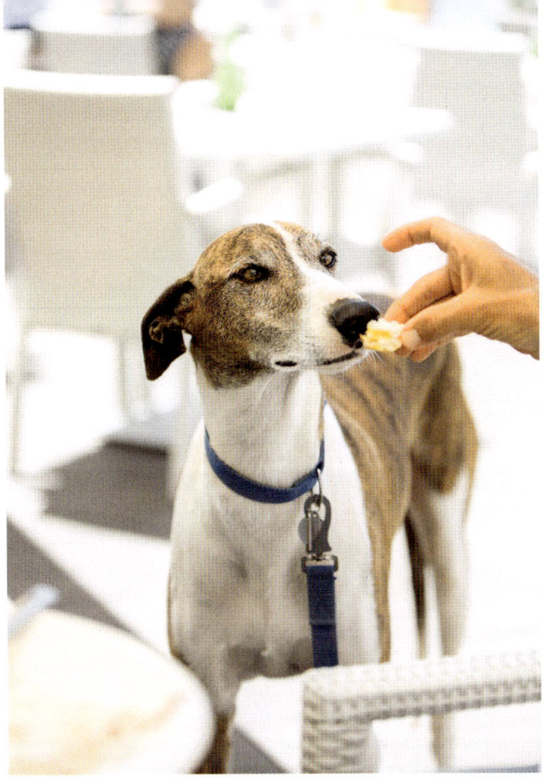

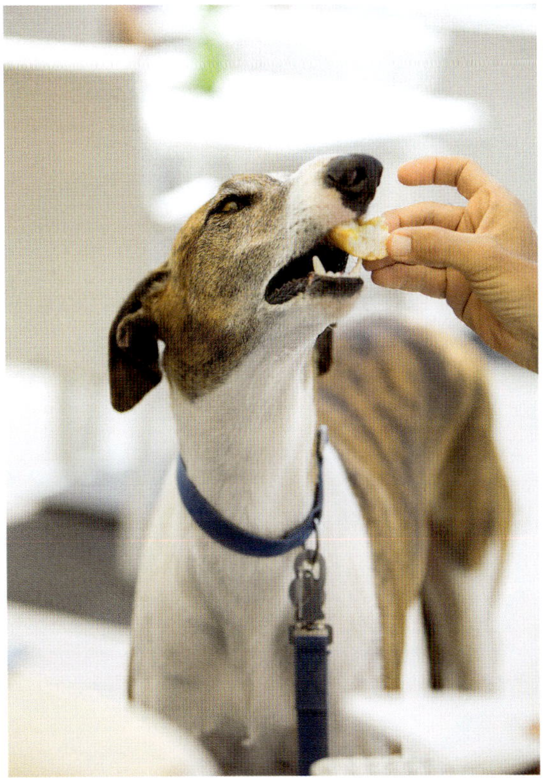

Selbst vom Tisch füttern ist in Ordnung, wenn Sie und nicht Ihr Hund bestimmen, wann die Zeit dafür ist.

doch eigentlich sein sollen. Diese Hundetypen versuchen daher instinktiv die Lücke in der »Führungsebene« zu füllen, indem sie selbst die Position übernehmen.
Besonders oft erlebe ich beides bei Hunden aus dem Tierschutz, deren neue Besitzer sich ihrer besonders liebevoll und nachsichtig annehmen – und nach einer Weile erschrocken feststellen müssen, dass sie dem Tier scheinbar nicht »gewachsen« sind, weil es sich trotz ihres Einsatzes einfach nicht »gesellschaftsfähig« verhält.
Dabei müssten diese frischgebackenen Hundebesitzer nur ihre eigene Rolle überdenken: Alles, was diese Vierbeiner für einen Neuanfang brauchen, sind Stabilität, Prinzipien und

Für ihre innere Ausgeglichenheit sind regelmäßige Auszeiten genauso wichtig wie Aktivitäten.

Sicherheit. Und die vermittelt man ihnen nicht durch Mitleid, sondern durch Signale, die ihnen sagen: »Es ist alles in Ordnung, es gibt keinen Grund sich aufzuregen, denn ich bin da. Ich übernehme die Verantwortung.«

Für ausreichend Ruhe sorgen

Nicht wenige Hundebesitzer sind der Meinung, dass ihre Vierbeiner am liebsten rund um die Uhr volles Programm hätten. Gassi gehen, neben dem Rad herrennen, mit anderen Hunden toben, spielen … Man könnte fast meinen, ihr Motto laute: Nur ein wilder Hund ist ein glücklicher Hund.

> *»Damit der Hund zur Ruhe finden kann, muss sein Mensch für Ruhe sorgen.«*

Und ja, es stimmt: Hunde sind gesellige Tiere. Sie lieben es, die Welt mit uns zu entdecken. Und wie Kinder sind sie Spielen gegenüber selten abgeneigt. Was ihre Halter aber nur allzu oft vergessen ist, dass ständig in Bewegung zu sein auch heißt, dass ständig Aufregung herrscht. Und dass das dem Hund nicht guttut, sollte mittlerweile jedem klar geworden sein.

Für sein ausgeglichenes Seelenleben ist die Ruhe für den Hund vermutlich sogar noch wichtiger als stundenlange Unternehmungen in der freien Natur. Sie ist nötig, um neue Kraft und Energie zu sammeln, um Erlebtes zu verarbeiten und damit Gelerntes sich setzen und verfestigen kann. Der Stresspegel sinkt und das Nervenkostüm stabilisiert sich. Ruhe ist eine wichtige Voraussetzung dafür, dass der Hund selbst ruhig werden kann.

IN DER RUHE LIEGT DIE KRAFT

Wenn der Hund draußen meint, alles kontrollieren zu müssen, kann der diese Haltung nicht einfach ablegen wie ein paar alte Pantoffeln, wenn er nach Hause kommt. Er muss seiner Meinung nach auch in den eigenen vier Wänden ständig dafür sorgen, dass alles seinen normalen Gang läuft und niemandem in der Familie etwas zustößt. Klar, dass diese Aufgabe sich auf keinen Fall optimal erledigen lässt, wenn er sich einfach mal hinlegen und dösen oder gar schlafen würde. Und das bedeutet: Ein Hund, der die Verantwortung übernommen hat, kann sich nie in ausreichendem Maß ausruhen. Dadurch wiederum steigen Anspannung, Nervosität und Stress zusätzlich und das Problem spitzt sich immer mehr zu – was umso schlimmer ist, weil Hunde genauso wie wir Menschen durch Dauerstress ernsthaft krank werden können. Sie sehen das Dilemma: Weil Aufregung sich selbst potenziert, wird es für den Vierbeiner immer schwieriger, zur Ruhe zu kommen. Es ist deswegen auch die Aufgabe eines verantwortungsbewussten Hundehalters, für die nötige Ruhe zu sorgen.

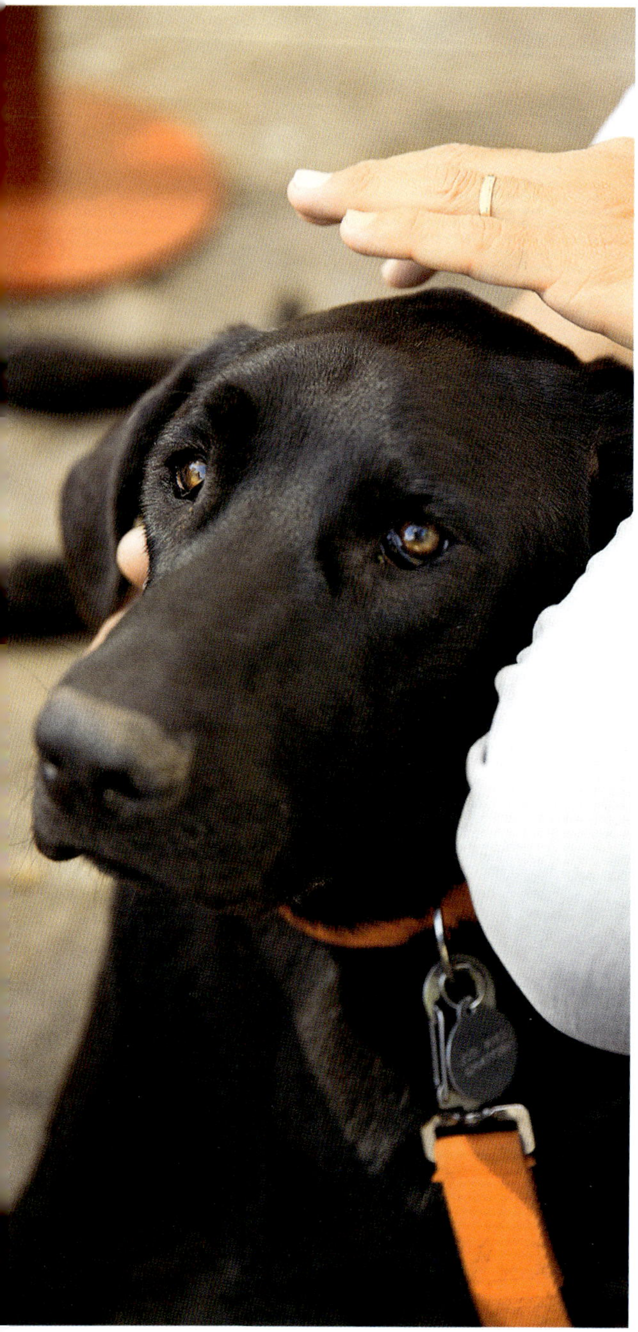

In der Ruhe liegt nicht nur die Kraft, sondern auch das Geheimnis einer guten Mensch-Hund-Beziehung.

INNERE RUHE DURCHS SPAZIERENGEHEN

Zum einen können Sie Ihrem Hund schon dadurch Ruhe schenken, indem Sie selbst ruhig und sicher sind. Denn das überträgt sich automatisch auch auf Ihren Vierbeiner, sodass er gar nicht erst in die »Erregungsspirale« trudelt. Zum anderen müssen Sie ein Umfeld schaffen, in dem Ihr Hund leicht abschalten kann. So gesehen hilft auch Spazierengehen, wenn man es richtig macht, die Ruhe zu fördern.
Gassigehen bedeutet nicht Action ohne Ende. Das würde den Hund nämlich nur ohne Ende aufdrehen – mit allen negativen Folgen für die Beziehung. Ein strukturierter Spaziergang dagegen gibt dem Hund Ruhe und hilft ihm zu entspannen, weil er sich keine Sorgen machen muss. Schließlich kann er sich darauf verlassen, was sein Mensch ihm vorgibt. Und wenn er sich dann noch nach dem Spaziergang ausruhen kann, wie er es auch als wild lebendes Tier machen würde (siehe Seite 137 und ab Seite 140), zeigen Sie Ihrem Hund, dass Sie seine Bedürfnisse respektieren. Das ist echte Liebe.

»Seinen Hund zu lieben heißt auch, dafür zu sorgen, dass er genug Zeit hat, sich zwischendurch auszuruhen.«

GEWUSST WIE: SELBST ZU INNERER RUHE FINDEN

Die wichtigste Voraussetzung, um Ihrem Hund ein ruhiger, sicherer Mensch zu sein, ist, dass Sie selbst zu innerer Ruhe finden. Vorspielen können Sie ihm diese Eigenschaften nämlich nicht. Dazu kennt Sie Ihr Vierbeiner viel zu gut. Sie können mit noch so ruhiger Stimme sprechen oder noch so sehr Ihren Rücken durchstrecken: Wenn Sie Zweifel haben, emotional aufgewühlt oder traurig sind, bemerkt Ihr Hund das »Täuschungsmanöver«. Dank seines außerordentlichen Geruchssinns hat er nämlich längst gerochen, was wirklich Sache ist (siehe auch Seite 44). Wenn Sie Ihren Vierbeiner überzeugen wollen, muss er spüren, dass Sie es ernst meinen – und sich wirklich ruhig und sicher fühlen. Aber keine Sorge, das lässt sich üben.

Stress lass nach

Um sich ganz auf Sie selbst und auf Ihre eigene innere Kraft zu konzentrieren, müssen Sie lernen, äußere Stressfaktoren auszublenden. Was Ihnen dabei am besten hilft, ist Typsache: bei den einen sind es beispielsweise Yoga oder Meditation, bei den anderen Atemübungen oder Kampfsport. Auch Autosuggestion kann helfen, indem man sich ein schönes Erlebnis in Erinnerung ruft, bei dem man herrlich tiefenentspannt war und sich rundum wohlgefühlt hat – etwa ein Tag im Urlaub.
Noch ein Tipp: So wie sich unser inneres Befinden auf unsere Körpersprache auswirkt und wir zum Beispiel die Schultern verzagt hängen lassen, wenn wir betrübt sind, lässt sich über die äußere Haltung auch die innere »manipulieren«. Das heißt, wenn Sie aufrecht und mit einem Lächeln auf den Lippen spazieren gehen, wird sich auch Ihre Stimmung heben und Ihre Ausstrahlung wird sich verbessern.

Eine Sache der Übung

Dass die meisten Menschen erst einmal lernen müssen, sich zu entspannen, heißt, dass es vermutlich auch nicht auf Anhieb klappt. Sie werden also in einer kritischen Situation, zum Beispiel wenn Ihr Hund gerade wie ein Berserker an der Leine zieht, nicht auf Kommando entspannt sein. Üben Sie also erst einmal ohne Hund, in diesen Zustand zu kommen. Es ist, wie so oft im Leben, auch in dieser »Kunst« noch kein Meister vom Himmel gefallen.
Das bedeutet aber nicht, dass Sie Ihren Hund bis dahin einfach so weitermachen lassen wie bisher. Versuchen Sie ihm einfach so viel Sicherheit wie möglich zu geben. Allein indem Sie ab heute Ihren Spaziergang auf meine Art strukturieren, wird er in einen deutlich entspannteren Modus finden. Dadurch löst sich bereits so manche Unstimmigkeit zwischen Ihnen und Sie können beide die Beziehung zueinander viel mehr genießen. Und das Beste: Sie wird immer noch besser werden, je ruhiger und sicherer Sie werden.

Verständlich kommunizieren

Ein Team kann nur dann gut zusammenarbeiten, wenn alle miteinander kommunizieren – und zwar so, dass jeder jeden versteht und daher jeder genau weiß, was der andere will. Leider ist genau das in vielen Mensch-Hund-Teams nicht der Fall. Und das liegt vor allem daran, dass wir die Welt ganz anders wahrnehmen als unsere Vierbeiner.

DIE »SPRACHE« DER HUNDE

Der größte Unterschied: Hunde nehmen die Welt viel mehr über ihre Sinne wahr als wir. Allein ihr Geruchssinn: 200 Millionen Geruchsrezeptoren lassen sie rund eine Millionen Mal besser riechen als uns. Zehn Prozent ihres Gehirns sind für die Verarbeitung von Gerüchen zuständig, bei uns ist es gerade mal ein mickriges Prozent.
Die zahlreiche Lockstoffe, die Hunde über Drüsen und Ausscheidungen abgeben, sind für ihresgleichen ein ausführlicher Steckbrief, der über Geschlecht, Alter, Rang sowie alles weitere Wissenswerte genauestens Auskunft gibt. Ihr Hund erschnuppert aber nicht nur, wer vor ihm die Straße entlanggelaufen ist oder ob Sie zufällig irgendetwas Essbares in Ihrer Tasche haben, sondern auch, ob zum Beispiel gerade Stresshormone oder andere biochemische Botenstoffe Ihren Körper fluten. Damit ist er in der Lage, ganz genau Ihre Stimmung oder auch Ihr körperliches Befinden wahrzunehmen.
Auch was das Hören und Sehen angeht, sind uns unsere Vierbeiner haushoch überlegen: Ihre Ohren nehmen – supergenau – Töne bis etwa 50 Kilohertz wahr (unsere eigenen Ohren kapitulieren bei 16 Kilohertz) und ihre Augen »schießen« etwa 20 mehr Einzelbilder pro Sekunde, als unsere es tun. So entgeht ihnen nicht, ob ein anderer Hund nur leicht die Lefzen hochzieht oder schon die Zähne zeigt, wie er seine Rute hält oder seine Ohren. Schon minimale Gesten und mimische Bewegungen sind wichtige Signale der Körpersprache und geben verlässlich Auskunft über die Absichten des Gegenübers. Uns Zweibeiner haben sie natürlich ebenso im Blick und bemerken daher jede noch so kleine Bewegung.

ARTGERECHTE KOMMUNIKATION

Menschen dagegen kommunizieren vor allem über Sprache. Und auch wenn uns unsere Hunde ein Stück weit entgegenkommen, indem sie bereitwillig bestimmte Kommandos mit den entsprechenden erwünschten Handlungen zu verknüpfen lernen, sind sie keine rationalen Wesen wie wir. Aus diesem Grund ist vor allem von unserer Seite aus Initiative gefordert, wenn wir wollen, dass sich die Kommunikation zwischen Zwei- und Vierbeinern verbessert.
Das gelingt am besten, wenn wir die Welt ab und zu durch Hundeaugen betrachten und

»Artgerechte Kommunikation stärkt die Bindung.«

Körperkontakt erleichtert die Kommunikation. Denn Hunde verstehen Berührungen instinktiv.

unseren eigenen Körper stärker zu Kommunikationszwecken nutzen. Schließlich verfügen auch wir Menschen über ein nicht unbeträchtliches Repertoire an Körpersprache, wir müssen uns dessen nur bewusst werden. Eine (!) bewusste Geste etwa, zum Beispiel eine Handbewegung, macht einem Hund in der Regel viel schneller deutlich, was er machen soll, als 1000 Worte.

Dasselbe gilt für Berührungen, denn Hunde beherrschen auch die »taktile Sprache« aus dem Effeff … Unter Hunden wird gerempelt und gedrängt, da werden Köpfe und Pfoten aufgelegt, es wird geknabbert, geleckt und gekuschelt … Unsere Vierbeiner benutzen ständig ihren Körper, um miteinander zu kommunizieren – sowohl im übertragenen Sinne als auch ganz direkt. Eine deutliche

Hunde sind Profis in Sachen Körpersprache. Daher verstehen sie klare Gesten 100-mal besser als Worte.

»Stopphand«, wenn sie an der Leine nach vorne drängeln oder eine sanfte Hand auf ihrem Rücken, um sie zum Hinsetzen zu motivieren: Mit liebevollem »Körpereinsatz« kommen Sie weiter als mit Schimpfen oder durch ständiges Wiederholen irgendwelcher Kommandos.

DIE MACHT DER AUSSTRAHLUNG

Ein weiterer großer Unterschied: Während Menschen, zumindest die meisten, sich auch aus reinem Vergnügen und zum reinen Zeitvertreib unterhalten, kommunizieren Hunde immer zweckorientiert und zielgerichtet. Jedes Signal ist eine wichtige Information, um das Zusammenleben so reibungslos zu gestalten, wie es nur geht, und ein Umfeld zu schaffen, in dem sich jeder bestmöglich entfalten kann und sich gut behütet fühlt. Daher achten die Vierbeiner auch bei ihrem Frauchen oder Herrchen vor allem auf die Signale, die ihnen Sicherheit gewährleisten. Und das sind meist keine Worte. Im Gegenteil: Bei verbaler Dauerberieselung schalten sie schnell auf »Durchzug«, weil sie merken,

»Hunde verstehen uns nicht, wenn wir auf menschliche Art mit ihnen sprechen. Wir müssen auf ihre Art mit ihnen kommunizieren.«

dass kein Informationsgehalt dahintersteckt. Das mächtigste Kommunikationsmittel ist unsere innere Ausstrahlung – auch weil wir durch sie unbewusst rund um die Uhr Signale an unsere Vierbeiner senden. Selbst wenn wir gar nicht mit unseren Hunden interagieren, bekommen sie mit, wenn wir aufgeregt oder nervös sind. Denn sie beobachten uns aufmerksam. Noch wichtiger sind innere Ruhe und Selbstbewusstsein, wenn wir mit unseren vierbeinigen Partnern zusammen sind. Wenn sie spüren, dass wir gelassen in uns ruhen und uns scheinbar nichts erschüttern kann, fühlen sie sich sicher – und wohl. Dann braucht es eigentlich gar keine Worte, weil sie uns aus einem tiefen Bedürfnis heraus von ganz alleine folgen. Wenn wir dagegen nicht die sicheren Menschen sind, die sie brauchen, verunsichert sie das. Mit den schon bekannten Folgen …

Oft genügt ein Blick: Kann sich der Hund an seinem Mensch orientieren, fällt es ihm leicht zu folgen.

FALSCHE WORTE

Es verunsichert einen Hund auch, wenn unsere Worte im Widerspruch zu dem stehen, was wir fühlen. Wenn Sie zum Beispiel völlig entnervt immer wieder »Komm!« rufen, erhält der Hund zwei verschiedene Signale: Das ist zum einen das Kommando, von dem er weiß, dass es bedeutet, dass er zu Ihnen kommen soll – was doch eigentlich etwas Schönes sein sollte. Ihre Stimme aber und vor allem Ihre negative Ausstrahlung sagen ihm, dass Sie gerade nicht in der ruhigen Verfassung sind, die er braucht, um sich in Ihrer Nähe wohlzufühlen. Kommen wird er deswegen wohl eher nicht. Womöglich macht er sogar genau das Gegenteil. Denn wenn er sich nicht sicher fühlt, wird er auf seine ureigenen Instinkte zurückgeworfen – und vielleicht entdeckt er genau in dem Moment etwas, dem er unbedingt nachjagen muss …
Was ich damit zum Ausdruck bringen will: Hunde hören zwar nicht darauf, was wir sagen, sehr wohl aber darauf, wie wir es sagen. Sie können sehr wohl unterscheiden, ob wir es auch wirklich so meinen – oder nicht. Loben Sie Ihren Vierbeiner daher zum Beispiel überschwänglich, wenn er endlich zurückkommt, obwohl Sie eigentlich total sauer auf ihn sind, verunsichert ihn das ebenfalls. Denn auch dann senden Sie zwei völlig widersprüchliche Signale aus. Ob er daher das nächste Mal wieder genauso kommt, steht in den Sternen.
Die Kommunikation zwischen Zwei- und Vierbeinern ist also oft geprägt von Missverständnissen. Sie gelingt jedoch ab dem Moment, wenn wir die Natur unserer Hunde respektieren und so zu ihnen »sprechen«, dass sie es auch begreifen. Dadurch gelingt es, einen guten Draht zueinander aufzubauen, und das wiederum schafft die besten Voraussetzungen, damit ein Hund all das lernt, was wir uns vorgestellt haben.
Je mehr wir lernen, selbst ruhig und sicher zu bleiben, desto seltener werden wir in solche Konfliktsituationen geraten – ganz einfach weil unsere Hunde keine Konflikte mehr austragen müssen und deswegen auch viel eher bereit sind, das zu tun, was wir von ihnen verlangen. »Sprache« gut, alles gut.

IGNORIEREN STATT REAGIEREN?

Ich werde oft gefragt, ob es nicht am besten wäre, gar nicht auf unerwünschtes Verhalten zu reagieren, damit der Hund merkt, dass dieses nicht zielführend ist. Ich erkläre dann, dass man ein Verhalten auch bestärkt, wenn man nicht reagiert – das gilt für gutes Verhalten leider genauso wie für unerwünschtes. Wenn Sie ein Verhalten nicht dulden wollen, müssen Sie Ihrem Hund das also deutlich machen – nicht durch viele Worte, sondern auf eine Art, die er auch versteht.
Apropos gutes Verhalten: Hunde brauchen nicht immer eine Belohnung, wenn sie etwas richtig machen. Am Anfang kann man sie mit einem Leckerli oder Spielzeug motivieren. Doch wenn sie das, was sie lernen sollten, verinnerlicht haben, braucht es nicht jedes Mal ein Lob oder Leckerli. Die größte Belohnung für unsere Vierbeiner ist ohnehin, dass wir sie ruhig, sicher und verantwortungsbewusst durch unsere Menschenwelt führen. Das ist für sie definitiv das Größte.

Ein Hund hat keine Hintergedanken. Sein Verhalten ist immer eine direkte Reaktion auf seine Umwelt – und vor allem auf seinen Menschen. Aber damit das Zusammenleben gut funktioniert, muss er diesen erst mal verstehen. Weil Zwei- und Vierbeiner jedoch auf unterschiedliche Arten kommunizieren, kommt es oft zu Missverständnissen. Erst wenn es dem Menschen gelingt, auf derselben Wellenlänge zu »funken« wie sein vierbeiniger Gefährte, kann eine richtig enge Verbundenheit entstehen.

Sich auf den Menschen zu konzentrieren ist Kopfarbeit. Es fordert und fördert den Hund mehr als alles andere.

Hunde brauchen eine Aufgabe

Ich frage mich manchmal, woher der Ausdruck »fauler Hund« kommt. Denn Hunde sind eigentlich eher Arbeitstiere. In einem Rudel hat jeder von ihnen seine Aufgabe. Ein Rudel lebt von den vielfältigen Charakteren und Fähigkeiten seiner einzelen Mitglieder. Die einen sind zum Beispiel »Späher«, die neue Jagdgebiete erkunden oder Nahrungsquellen suchen, die anderen wachen, während der Rest frisst oder schläft, wieder andere passen auf den Nachwuchs auf ... So trägt jeder seinen Teil dazu bei, dass die Gruppe funktioniert und es allen bestmöglich ergeht.

»Kuscheln, toben und miteinander spielen ist toll, aber das allein erfüllt einen Hund nicht. Er braucht mehr.«

Wenn ein Hund in einer Menschenfamilie lebt, muss er all das nicht mehr tun, weil dann seine Zweibeiner dafür sorgen, dass es immer genug zu fressen gibt und er jeden Tag einen sicheren Schlafplatz vorfindet (und wenn eine Hündin tatsächlich einmal Welpen wirft, sind diese ohnehin die Stars). Früher geschah das häufig in Erwartung einer »Gegenleistung«: Der Hund wurde ver-

So ein spontaner Slalom ist eine gute Gelegenheit, ihn daran zu erinnern, worum es geht.

sorgt, dafür half er beim Viehhüten und bei der Jagd, war fürs Bewachen zuständig oder zog schwere Karren. Mittlerweile tun das nur noch die wenigsten unserer Vierbeiner, bei der Bergrettung zum Beispiel, bei der Polizei oder als Therapiehunde. Denn heute sollen Hunde vor allem eins sein: Familienmitglieder und/oder Partner auf vier Beinen. Dabei wird oft vergessen, dass das allein sie nicht ausfüllt. Schließlich ist ihr natürliches Bedürfnis nach einer Aufgabe tief in ihren Genen verankert. Wir dürfen daher nicht davon ausgehen, dass unsere menschlichen Sehnsüchte und Vorstellungen von einer gelungenen Partnerschaft sich automatisch mit dem decken, was Hunde brauchen, um sich in der Beziehung respektiert und angenommen zu fühlen (siehe ab Seite 34).

Nur wenn ein Hund eine Aufgabe hat, geht es ihm wirklich gut. Er braucht sie für seine Ausgeglichenheit – und die wiederum ist Grundvoraussetzung dafür, dass er sich so benimmt, wie wir es uns wünschen, und es keine Probleme gibt.

Keine Sorge, das bedeutet nicht, dass jeder Hundehalter die Wochenenden von nun an in Rettungskursen oder beim Mantrailing verbringen muss oder für den Jagdschein büffeln soll. Ich fürchte sogar, dass so eine »Verpflichtung« in ganz vielen Fällen die Mensch-Hund-Beziehung sogar eher noch zusätzlich belasten würde. Freizeit ist heute schließlich so wertvoll wie nie.

Viel besser (und unaufwendiger) ist es, die Aufgabe, die der Hund übernehmen soll, einfach in den gemeinsamen Alltag zu integrieren. Und was böte sich dazu mehr an als der tägliche Spaziergang?

SPAZIERENGEHEN ALS AUFGABE

Das Gassigehen muss deshalb nicht jedes Mal zu einem Abenteuer »ausarten«, mit immer neuen Strecken und möglichst vielen sportlichen Herausforderungen. Um ihn natürlich auszulasten, braucht ein Hund ohnehin mehr als nur körperliche Belastung. Vor allem nämlich will sein Kopf arbeiten – und das muss er zum Beispiel immer dann, wenn er sich an seinem Menschen orientieren soll. Genau deshalb ist strukturiert Spazierengehen eine der besten Aufgaben, die sie Ihrem Hund geben können. Gassigehen müssen Sie ohnehin, tun Sie es also gleich auf meine Art. Das lastet Ihren Hund artgerecht aus und weil es eine Arbeit ist, die seinen natürlichen Instinkten entspricht, wirkt sich das auch auf die Harmonie im Team aus. Weil der Hund weiß, wo er hingehört.

Noch einmal schnell zu Abwechslung: Allein dadurch, dass Sie vor der Haustür mal nach links abbiegen, statt wie sonst nach rechts, ist Ihr Hund schon gefordert – weil es ihn daran erinnert, dass er sich immer konzentrieren und darauf schauen muss, wohin Sie gehen.

IN DIE BALANCE KOMMEN

Oft löst sich bereits dadurch, wie Sie spazieren gehen, das ein oder andere Problem, das sich bei vielen Mensch-Hund-Gruppen im Lauf der Zeit eingeschlichen hat. Und selbst wenn sich nicht automatisch eine Besserung einstellt, wird der Hund deutlich ruhiger und ist dadurch viel eher bereit, etwas Neues zu lernen und somit sein Verhalten über kurz oder lang doch noch zu korrigieren. Dadurch wiederum muss sich der Mensch weniger oft ärgern – und das spürt der Hund ... Es wird also ein positiver Kreislauf in Gang gesetzt. Woran das liegt? Zwei-, dreimal täglich auf meine Art rauszugehen klärt ohne viele Worte die Beziehungsverhältnisse im Team, denn

> *»Strukturierte Spaziergänge verbessern die Beziehung, weil der Hund eine Aufgabe hat und sich an Ihrer Seite sicher fühlt.«*

Hundesport ist eine tolle Sache. Wichtiger aber ist, dass der Hund im Alltag seinen Kopf einsetzen muss.

Gemeinsam die verschiedensten Herausforderungen zu stemmen: das ist es, was zählt – und verbindet.

Sie geben Ihrem Hund damit nicht nur eine Aufgabe, sondern können ihm immer wieder auch Ruhe und Sicherheit schenken und ihm zeigen, dass Sie die Verantwortung übernehmen. Genau das ist es, was beim »normalen« Gassigehen oft auf der Strecke bleibt, weshalb der Hund unbewusst immer mehr dazu gedrängt wird, selbst den »Chefposten« zu übernehmen. Macht er dagegen beim Spaziergang immer wieder die Erfahrung, dass Sie alles im Griff haben, lernt er, dass er sich sonst ebenfalls an Ihnen orientieren und sich in jeder Situation auf Sie verlassen kann. Das macht ihn glücklich – und damit ganz automatisch auch Sie, weil er zu dem Partner wird, den Sie sich wünschen. Kurzum: Es gibt keine bessere Beziehungskur als strukturiert spazieren zu gehen.

Worauf Sie achten sollten, um Ihrem Hund unterwegs Sicherheit und Ruhe zu schenken und auch mögliche Hindernisse und unvorhergesehene Herausforderungen souverän zu bewältigen, erfahren Sie in den nun folgenden Kapiteln. Die wichtigste Regel dabei lautet: Die meiste Zeit bleibt Ihr Hund an Ihrer Seite. Dadurch muss er sich auf Sie konzentrieren und lernt, die Verantwortung an Sie abzugeben – und Sie können ihm die ganze Zeit über ein gutes Vorbild in Sachen Ruhe und Gelassenheit sein.

AUF EINEN BLICK

Strukturiert spazieren gehen heißt, dass …

- der Hund 90 Prozent des Spaziergangs bei Ihnen läuft,
- Sie entscheiden, wo es langgeht und in welchem Tempo,
- Sie verantwortungsvoll und vorausschauend handeln, um mögliche Konflikte von vornherein zu entschärfen,
- Sie sich auf Ihren Hund konzentrieren – und er sich auf Sie,
- Sie ein echtes Team sind,
- Zwei- und Vierbeiner Spaß am Gassigehen haben und entspannen können.

Team auf sechs Füßen: Mit meiner Art, spazieren zu gehen, ist es ganz einfach zusammenzufinden.

DER STRUKTURIERTE SPAZIERGANG

Gassigehen kann so viel mehr sein als ein bisschen Bewegung an der frischen Luft. Wenn Sie es richtig machen, zeigen Sie Ihrem Hund, dass Sie ihn lieben und respektieren – und schaffen damit die Grundlage für eine wunderbare Beziehung.

SPAZIERENGEHEN FÄNGT ZU HAUSE AN

Der Spaziergang beginnt nicht erst im Park, nicht auf dem Weg dorthin und auch nicht vor der Haustür, sondern schon viel, viel früher. Er beginnt sogar, noch ehe Sie überhaupt Ihre Schuhe angezogen und nach dem Hausschlüssel gesucht haben.

Vermutlich haben Sie auch schon bemerkt, dass Ihr Hund in Hab-Acht-Stellung ist, sobald Sie aufstehen oder in den Flur gehen, um sich zum Gassigehen fertig zu machen. Vielleicht klebt er nicht sofort an Ihnen oder hüpft freudig-aufgeregt um Sie herum, sondern beobachtet nur ganz genau jeden Ihrer Schritte … Sie müssen gar nicht sagen, was Sie vorhaben – nach dem Motto: »So, dann packen wir es mal wieder.« Hunde haben nämlich quasi einen siebten Sinn. Sie riechen den Braten im wahrsten Sinne des Wortes, lang bevor die Haustür ins Schloss fällt. Das liegt an ihrem phänomenalen Geruchssinn und an ihrem Gespür für die Energie, die wir bei allem, was wir tun, ausstrahlen.

Ohne Aufregung starten

Was dazukommt: Hunde lieben es, spazieren zu gehen. Kein Wunder also, dass sie sich freuen, wenn es losgeht. Das heißt aber nicht, dass sie deswegen total aus dem Häuschen geraten sollen. Wer so aufgeregt zu Hause startet, wird nämlich auch draußen nur schwer zur Ruhe finden – und dann wird das Gassigehen schnell zum Spießrutenlauf und einem ewigen Hin und Her zwischen Zwei- und Vierbeiner. Der eine will dahin, der andere dorthin. Der eine mag zügig vorankommen, weil er gleich einen wichtigen Termin hat, der andere will die Zeit lieber zum ausgiebigen Schnuppern nutzen. Der eine würde, wenn er einen anderen Hund sieht, am liebsten so schnell wie möglich das Weite suchen, der andere lieber Kontakt aufnehmen – oder er ist, was für seinen Partner noch unangenehmer sein kann, auf Konfrontation aus. Das kann der Hund sein, der sich beim Anblick eines Artgenossen mächtig ins Zeug legt und richtig abgeht, während sein Mensch hektisch versucht, die Lage irgendwie unter Kontrolle zu bringen. Das kann aber auch der Mensch sein, der schnurstracks auf den anderen Hundehalter und seinen Vierbeiner zuläuft, obwohl sein eigener Hund keinerlei Interesse an diesem zeigt oder eindeutig verunsichert beziehungsweise ängstlich ist und viel lieber einen großen Bogen um seinen Artgenossen machen würde. Soll der Spaziergang für alle möglichst stressfrei verlaufen, ist es wichtig, dass er auch entspannt losgeht – zu Hause. Ansonsten nehmen Sie die aufgeregte Stimmung mit nach draußen. Viel einfacher, als dort krampfhaft zu versuchen, mehr Ruhe in die ganze Sache zu bringen, ist es, gleich in aller Ruhe zu beginnen. Genau das müssen viele Hunde (und Menschen) erst mal lernen.

NICHT ANSTECKEN LASSEN

Scharwenzelt auch Ihr Vierbeiner aufgeregt um Sie herum, wenn Sie sich zum Gassigehen fertig machen, springt er vielleicht sogar an Ihnen hoch oder bellt? Auch wenn viele Menschen das als Freude über den nahenden Spaziergang interpretieren, also für ein positives Gefühl, bedeutet die Aufregung für den Hund vor allem eins: Stress. Und den nimmt er mit auf die Straße, wenn es Ihnen nicht gelingt, ihn vorher zu beruhigen. Das geht

Guter Start: Die Ruhe, die Sie Ihrem Hund noch zu Hause geben, nehmen Sie mit auf den Spaziergang.

nicht mit Worten wie: »Wir gehen ja gleich, jetzt gedulde dich doch, gleich ist es so weit.« Denn Hunde können den Sinn solcher Worte nicht verstehen. Was sie aber verstehen, ist, dass wir sie mit einem gewissen Ton sagen, denn in der Regel springt die Aufregung des Hundes recht schnell auf uns über und wir versuchen vor allem, uns selbst zu beruhigen, auch wenn wir uns dessen gar nicht bewusst sind. Der Stress macht sich in unserer Stimme bemerkbar und vor allem in unserer Ausstrahlung beziehungsweise in dem Hormoncocktail, der dabei unseren Körper flutet und der superfeinen Nase des Hundes natürlich nicht entgeht (siehe Seite 44). Das wiederum macht den Hund nervös, getreu dem Motto: Wenn Frauchen oder Herrchen angespannt sind, stimmt irgendwas nicht. Da passe ich lieber mal auf … Klar, dass sich die Situation schnell hochschaukelt.

SELBST GANZ RUHIG WERDEN

Lassen Sie die Stressfalle daher am besten erst gar nicht zuschnappen und signalisieren Sie Ihrem Hund, dass es keinen Grund gibt, sich aufzuregen – auch nicht vor Freude. Ganz praktisch bedeutet das, dass Sie seine Aufregung einfach ins Leere laufen lassen. Sie »füttern« sie weder durch Worte, noch durch Streicheln oder indem Sie Ihren Hund anleinen. Ja, Sie nehmen noch nicht einmal die Leine in die Hand. Stattdessen atmen Sie tief durch und warten einfach ab, bis sich Ihr Hund beruhigt hat. Am besten ziehen Sie Ihre Gedanken komplett von ihm ab, zum Beispiel indem Sie sich überlegen, was Sie am Abend kochen oder wie das kommende Wochenende aussehen könnte (siehe Seite 41). Wenn es der Platz zulässt, stellen Sie am besten vorübergehend einfach einen Stuhl in den Flur – als Signal an sich selbst, bei Bedarf einfach abzuwarten.

Vermutlich ist Ihre Reaktion für Ihren Hund erst einmal ungewohnt. Vielleicht versteht er auch nicht sofort, was los ist, und macht deshalb einfach weiter. Aber wenn Sie ganz konsequent nicht darauf eingehen, begreift er irgendwann doch, dass sein Benehmen nicht zielführend ist und es nicht losgeht, nur weil er »herumhampelt«. Er wird sich deswegen nicht immer gleich hinsetzen oder hinlegen. Womöglich gähnt er nur, legt die Ohren nach hinten oder senkt den Blick. Aber auch das sind Zeichen, dass er sich mit der Situation abgefunden hat und bereit ist, die neue »Spielregel« zu akzeptieren. Der erste Schritt ist damit schon mal geschafft.

IN ALLER RUHE ANLEINEN

Erst jetzt geht es weiter: Leinen Sie Ihren Hund in aller Seelenruhe an, ohne ihn durch viele Worte oder anderes Tamtam wieder aufzuregen. Wenn das gleich klappt: prima! Wenn nicht, ist abermals Ihre Geduld gefragt. Wird der Hund nämlich wieder hibbelig, brechen Sie das Ganze ab und warten wie zuvor, bis er sich aufs Neue beruhigt hat – und versuchen es dann noch einmal.

Wenn nötig, müssen Sie dieses »Spielchen« ein paarmal mitspielen. In der Regel aber, versteht ein Hund sehr schnell, um was es geht. Nehmen Sie sich die Zeit, schließlich wollen Sie nachhaltig etwas verändern. Und das dauert eben manchmal ein bisschen.

Warten Sie den richtigen Moment ab, um die Leine anzulegen. Er darf nicht mit Aufregung verbunden sein.

Hilfsmittel Leine

Vielleicht fragen Sie sich jetzt, warum Sie Ihren Hund überhaupt schon in der Wohnung anleinen sollen. Viele Hundehalter machen das nämlich tatsächlich erst, wenn sie das Haus verlassen und das Hof- oder Gartentor und damit die Straße erreicht haben. Und ja, Sie können Ihren Hund natürlich auch erst dort an die Leine nehmen. Allerdings habe ich die Erfahrung gemacht, dass viele Vierbeiner bis dahin schon immens »aufgeheizt« sind. Denn auch wenn man das Haus ohne Leine verlässt, sollte es so »gesittet« zugehen, wie eben beschrieben.

Die Wirklichkeit sieht oft anders aus: viel Hallo, Hektik im Treppenhaus, Aufregung im Freien … Diese negative Energie bestimmt dann nicht selten eben auch den Spaziergang. Ich empfehle meinen Klienten und Workshop-Teilnehmern, die entspannter Gassi gehen wollen, daher von Anfang an mit der Leine zu arbeiten – und ernte damit fast immer erst einmal zweifelnde Blicke. Das liegt daran, dass für viele Hundehalter die Leine genau das Gegenteil eines entspannten Spaziergangs bedeutet. Ist ja auch kein Wunder, wenn der Hund an ihr wie blöd zieht und der Mensch gar keine andere Wahl zu haben scheint, als sich entweder »willenlos« mitschleifen zu lassen oder sich genauso blöd mit aller Kraft dagegen zu stemmen. Beides macht keinen Spaß, sondern bedeutet vielmehr puren Stress. Und zwar für Zwei- und Vierbeiner. Der Mensch hat das Gefühl, die Lage nicht im Griff zu haben. Und der Hund, der das natürlich sofort merkt, ist dadurch entsprechend verunsichert. Der ständige Zug, den das Halsband an der empfindlichen Hals- und Nackenregion ausübt, tut das Seine dazu. Und so schaukelt sich die Situation immer weiter hoch …

EINE TOLLE VERBINDUNG

Dabei kann ein Spaziergang an der Leine so entspannt sein. Die Leine ist schließlich kein Drillwerkzeug. Sie ist, wenn Sie sie richtig benutzen, die Verlängerung Ihres Armes und die beste Verbindung zu Ihrem Hund. Sie können ihm mit ihrer Hilfe die Richtung anzeigen und ihn gefahrlos durch alle »Hürden« des Großstadtdschungels leiten. Die Leine ist in meinen Augen das beste Signal für Ihren Hund, dass Sie in seiner Nähe sind und er sich darauf verlassen kann, dass Sie alles gut im Griff haben. Und das zeigen Sie ihm eben am besten schon, bevor Sie überhaupt richtig starten.

Gut Ding will Weile haben

Es kann sein, dass es ein bisschen dauert, bis Ihr Hund verstanden hat, dass es erst dann losgeht, wenn er sich wirklich beruhigt hat. Und wenn er es an einem Tag begriffen hat, heißt das leider nicht automatisch, dass er es am nächsten Tag noch weiß. Aber was ich Ihnen versprechen kann: Er wird sich an Ihnen orientieren. Wenn Sie konsequent bleiben und sich die Zeit nehmen, das »Programm« wieder und wieder durchzuziehen, wird es Früchte tragen. Vergessen Sie nie: Sie sind für Ihren Hund ein Vorbild und das heißt, dass er nur dann ruhig und gelassen sein kann, wenn Sie es auch sind. Helfen Sie ihm dabei! Die Mühe lohnt sich. Und nicht zuletzt können Sie am Ende endlich entspannt starten und die Tür hinter sich ins Schloss ziehen.

Zeigen Sie Ihrem Hund von Anfang an, dass Sie ihn sicher führen können und er sich auf Sie verlassen kann.

GEWUSST WIE: DIE LEINE POSITIV BELEGEN

Wenn Sie einen aufgeregten Hund an die Leine nehmen, verbindet er diese automatisch mit der aufgeregten Situation. Die Leine bedeutet dann ganz schnell Stress für ihn – und das wiederum macht es ihm unnötig schwer, entspannt daran zu laufen.

Schöne Dinge verknüpfen

Damit Ihr Hund die Leine nicht als »Fessel« begreift, die ihn einschränkt und stresst, empfehle ich, sie von Anfang an mit schönen Dingen zu verknüpfen. Ich selbst lege sie einem neuen Welpen deswegen auch zu Hause immer wieder an – nicht, wenn er sich gerade allein beschäftigt, sondern in bestimmten Situationen. Er soll sich nämlich nicht nur an das Gefühl des Leinetragens gewöhnen, sondern auch erkennen, dass sie eine Verbindung zu mir ist. Daher kommt die Leine zum Beispiel immer wieder ins Spiel, wenn ich den Welpen füttere oder mit ihm kuschele. Beides hat nichts mit Spazierengehen zu tun, aber ganz viel damit, dass er mich als Person wahrnimmt, die gut für ihn sorgt und ihm Liebe und Sicherheit gibt. Die Leine gehört dabei einfach dazu. Das macht es ihm leicht, diese guten Gefühle auch mit nach draußen zu nehmen – nach dem Motto: Wenn ich die Leine anhabe, macht mein Mensch etwas Schönes mit mir. Er ist an meiner Seite und kümmert sich um mich.

Das kann ein Hund übrigens auch noch im Erwachsenenalter lernen. Die Methode ist nicht nur für Welpen geeignet.

Eigene Vorurteile ablegen

Noch wichtiger, als dem Hund beizubringen, dass die Leine kein Mittel zur Freiheitsberaubung ist, sondern ihn – im Gegenteil – von dem Stress befreit, den der Druck mit sich bringt, ständig alles unter Kontrolle haben zu wollen, und er stattdessen angeleint ganz entspannt neben seinem Frauchen oder Herrchen herlaufen kann, ohne sich groß um irgendetwas kümmern zu müssen, ist, die Barriere im eigenen Kopf zu überwinden. Denn wir Menschen neigen dazu, unsere eigenen Vorstellungen von Freiheit auf unsere Hunde zu übertragen. Kaum eine Vorstellung scheint für uns schlimmer, als wenn wir uns immer nur in einem Radius von etwa 50 bis 100 Zentimeter um einen anderen Menschen bewegen dürften.

Aber auch wenn Hunde uns in vielen Dingen so ähnlich zu sein scheinen: Für sie gibt es nichts Schöneres, als in unserer Nähe zu sein. Sie müssen sich dann keinen Kopf machen, können die Verantwortung an uns abgeben und einfach das tun, was sie am liebsten machen: ganz entspannt das Leben genießen. An unserer Seite. Die Leine hilft ihnen dabei, vorausgesetzt, wir setzen sie richtig ein. Und dazu muss man erst einmal selbst begreifen, was für ein großartiges Ding man da eigentlich in den Händen hält.

ERST MAL RAUS

Auch wenn wir es oft vergessen, gehören schon die ersten Schritte vor dem Haus zum Spaziergang genauso, wie übrigens auch noch die letzten Meter dazugehören und daher ebenso »diszipliniert« bewältigt werden sollten. Doch dazu später noch mehr, jetzt geht es ja erst mal los.

Wenn Sie es geschafft haben, den Hund ohne Hektik aus dem Haus zu »manövrieren«, sollte die Stimmung natürlich nicht gleich wieder kippen. Und das heißt: Ist der Vierbeiner wieder aufgeregt oder merken Sie, dass er zunehmend nervös wird, ist es Ihre Aufgabe, erneut für Ruhe zu sorgen. Wie hinter der Tür bleiben Sie dazu erst einmal stehen und versuchen, sich selbst ab- und Ihre Gedanken vom Hund wegzulenken. Werfen Sie einen Blick in den Himmel, um die Wetterlage zu checken. Schauen Sie, ob der Baum vor dem Haus anders aussieht als am Tag zuvor oder was das für ein Vogel ist, der da drüben in der Dachrinne sitzt. Sie können auch zählen, wie viele Autos vorbeifahren oder die Schlagzeile am Zeitungskasten neben dem Haus lesen. Wichtig ist, dass es erst einmal nicht weitergeht – und dass Ihr Hund das kapiert und sich beruhigt.
Wenn er Ihnen wie drinnen durch entsprechende Hinweise signalisiert, dass er sich beruhigt hat, gehen Sie los. Ich selbst würde in so einer Situation gar nichts sagen, denn das pusht einen leicht aufgeregten Hund schnell, auch wenn man es gar nicht beabsichtigt. Besser ist es, Sie zeigen mit der Leine die Richtung an, in die es gleich losgeht, und gehen einfach ruhig los.

Hier geht's lang

Jeder strukturierte Spaziergang beginnt mit dem geführten Teil. Das heißt, erst mal bestimmen Sie, wo es langgeht – und in welchem Tempo. Ihr Hund passt sich daran an. Und auch wenn meine Klienten sich das am Anfang nicht so recht vorstellen können: Das gefällt ihm, denn er muss sich keinen großen Kopf machen und kann einfach nur laufen. Ich möchte an dieser Stelle noch einmal betonen, dass meine Klienten sehr schnell bemerken, wie entspannt ihre Hunde plötzlich sind – was sie genauso schnell davon überzeugt, dass es ihnen also durchaus Spaß machen muss, einfach nur neben ihrem Menschen herzulaufen.
Wenn Sie Route und Tempo vorgeben, bedeutet das aber auch, dass Ihr Hund nicht einfach stehen bleiben oder »wegdriften« darf, nur weil er zum Beispiel irgendetwas

So gelassen wie drinnen geht es draußen weiter. Zeigen Sie dem Hund, dass Sie weiterhin alles bestens im Griff haben.

Interessantes riecht. Es mag verständlich sein, dass innerhalb von mehreren Stunden oder gar über Nacht jede Menge neue »Botschaften« aufgetaucht sind. Machen Sie sich aber einfach klar, dass Ihr Hund nicht alles »lesen« muss. Natürlich können Sie auch mal stehen bleiben, wenn Sie Lust haben, sein Bedürfnis nach Neuigkeiten zu erfüllen. Wobei hier schon gesagt ist, worauf es ankommt: Sie entscheiden, nicht Ihr Hund. Sie können theoretisch so viele Schnupperpausen einlegen, wie Sie wollen. Aber diese müssen auch wieder beendet werde, wenn Sie es sagen – oder wenn Sie weitergehen. Allerdings fällt es Ihrem Hund einfach leichter, zu verstehen, dass er sich an Ihnen orientieren soll und nicht an dem, was ihn sonst so interessieren könnte, wenn Sie nicht allzu oft stehen bleiben. Auch dadurch, dass Sie sich bemühen, es ihm so leicht wie möglich zu machen, zeigen Sie, dass Sie die Verantwortung übernehmen.

KURZE PINKELPAUSE

Vor allem morgens, beim ersten Spaziergang, will ein Hund meistens erst mal eins: pieseln. Und das darf er auch. Gehen Sie also möglichst direkt zu einem Fleckchen, an dem er sich lösen kann.

Bei einem Welpen muss das naturgemäß besonders schnell erledigt werden. Seine Blase ist einfach noch zu klein, um es lange ohne »Pinkelpause« auszuhalten. Tatsächlich mache ich mit einem jungen Hund auch die einzige Ausnahme von der Leinenregel: Wenn er aufwacht, schnappe ich ihn mir, nehme ihn auf den Arm und trage ihn raus. Und ja, ich beeile mich dabei. Aber ohne Hektik zu

verbreiten. Wenn er sich draußen entleert hat, knipse ich den Kleinen jedes Mal noch ganz entspannt an die Leine und gehe ein bisschen mit ihm spazieren.
Weil ein Hund umso öfter rausmuss, je jünger er ist, fallen die Gassirunden naturgemäß kürzer aus – auch weil Welpen noch gar nicht so viel Ausdauer haben und sehr viel schlafen müssen. Trotzdem kann man alles mit ihnen üben und unternehmen, was man auch mit einem großen Hund macht. Vor allem sollte man von Anfang an den Spaziergang auf meine Weise strukturieren – egal, wie kurz er ist. Es ist zwar nicht so, dass Hans nicht mehr lernt, was Hänschen zu lernen versäumt hat. Doch wie so oft ist es eben viel einfacher, wenn man es gleich von Anfang an richtig übt und sich keine Fehler einschleichen, die man dem Hund später, wenn sie sich etabliert haben, erst wieder mehr oder weniger mühsam und zeitaufwendig abgewöhnen muss. Das ist bei uns Menschen schließlich nicht anders, oder?

Mit dem Auto unterwegs

Nicht immer bedeutet Spazierengehen, einen ausgiebigen Ausflug zu unternehmen. Das muss es auch gar nicht (und ganz ehrlich: Dazu fehlt oft einfach die Zeit). Aber ab und an werden Sie sicher auch mal mit Ihrem Hund ins Grüne wollen. Weil das »Paradies« jedoch nicht immer so nah ist, dass man es zu Fuß erreicht, liegt vor dem »eigentlichen« Spaziergang mitunter auch eine Autofahrt – wobei diese »eigentlich« genauso zum Spaziergang gehört wie der kurze Weg von der Haustür zur Straße oder das Stück entlang der befahrenen Straßen zum Park. Was ich damit sagen will: Auch beim Ein- und Aussteigen ist die entsprechende Ruhe ratsam. Durch Auf-den-Schenkel-Klopfen oder ein freudiges »So, jetzt sind wir aber endlich da« geben Sie Ihrem Hund schnell das Signal, dass gleich etwas Aufregendes passiert – und lassen damit all jene Glocken in ihm aufläuten, die ihn auch in Stress versetzen. Genau das also, was Sie bisher versucht haben zu vermeiden beziehungsweise in den Griff zu bekommen.

Ein Hund kann den Verkehr nicht einschätzen. Umso mehr müssen Sie für und auf ihn aufpassen.

GEMÄCHLICH AUSSTEIGEN

Ganz besonders gilt das natürlich fürs Aus-dem-Auto-Aussteigen. Öffnen Sie daher die Tür oder Klappe ganz langsam und geben Sie Ihrem Hund dabei mit der flachen »Stopp-hand« ein Zeichen, dass er noch nicht gleich rausspringen soll. Notfalls müssen Sie auch ein bisschen mehr »Körpereinsatz« zeigen und ihm den Weg vollflächiger versperren. Machen Sie keinesfalls die Tür oder Klappe einfach wieder zu. Die Gefahr, dass sich der Hund irgendwo einklemmt, ist zu groß.
War der Hund im Auto angeleint, nehmen Sie die Leine nun locker in die Hand und warten ab, bis sich Ihr vierbeiniger Kumpel hinsetzt oder -legt – sein Signal an Sie, dass er verstanden hat, was Sie von ihm erwarten (war der Hund während der Fahrt nicht angeleint, knipsen Sie die Leine nun an). Bleibt

Körperkontakt und sachte »Korrekturen« helfen einem Hund, sich in seine Rolle einzufinden.

er weiterhin ruhig, können Sie beiseitetreten und ihn mit einer einladenden Handbewegung oder einem entsprechenden Kommando zum Aussteigen motivieren. Zeigen Sie ihm dabei mit der lockeren Leine die Richtung an. Auch das hilft ihm.
Wieder im Freien können Sie Ihren Hund sich erst einmal lösen lassen, wenn er es nicht schon vorher getan hat. Ein ausgewachsener Hund hält es damit in der Regel aber auch noch gut aus und kann sich erst dann lösen, wenn Sie später Pause machen (siehe ab Seite 107).
Ansonsten gelten nach der Autofahrt dieselben »Regeln« wie bei jedem anderen Spaziergang auch. Und das heißt, das wissen Sie ja mittlerweile: Der Hund läuft erst mal neben Ihnen her. Ganz entspannt – an der Leine.

Jeder Schritt ist wichtig

Im Prinzip ist also schon der erste Schritt, den Sie gemeinsam machen, Teil des geführten Spaziergangs. Er ist nicht weniger interessant und nicht weniger wichtig als die Schritte, die Sie später Seite an Seite im Park, auf dem Feld oder im Wald laufen werden. Oder auf der Promenade in Palma, auf dem Berliner Alexanderplatz oder in der Fußgängerzone in München. Spazierengehen kann überall stattfinden. Und es kann überall Spaß machen – wenn Ihr Hund sich an Ihrer Seite sicher fühlt und entspannen kann. Dann nämlich können auch Sie »loslassen« und die gemeinsame Zeit mit ihm in vollen Zügen genießen. Dann sind Sie genau das Team, das Sie immer sein wollten.

Meine Hunde sind genauso neugierig wie alle anderen. Aber sie achten auch mich und orientieren sich an mir.

GEMEINSAM HÜRDEN ÜBERWINDEN

Wir leben nicht allein auf dieser Welt – zum Glück. Doch das moderne Leben kann schon mal an den Nerven zerren – das gilt für unsere Vierbeiner noch viel mehr als für uns selbst. Umso wichtiger ist es, an ihrer Seite zu sein und sie bei allen Herausforderungen bestmöglich zu unterstützen.

Wenn ich unterwegs bin, sehe ich ständig Menschen mit Hunden. Ich bin mir zwar nicht sicher, ob es tatsächlich immer mehr werden oder ob ich berufsbedingt einfach nur mehr darauf achte. Auf jeden Fall aber fällt mir immer öfter auf, dass viele dieser Teams auf sechs Beinen nicht besonders entspannt wirken. Stattdessen scheinen überall »Gefahren« auf Mensch und Hund zu lauern, weshalb diese ständig unter Strom stehen – was natürlich eine der schlechtesten Voraussetzung für einen ruhigen, harmonischen Spaziergang ist.

Selbstverständlich gibt es gerade in der Stadt, wo viele Menschen, Autos, Räder und auch Tiere aufeinandertreffen, wo es an vielen Orten laut und hektisch ist und jeden Tag irgendwo eine neue Baustelle »aus dem Boden wächst«, jede Menge Ablenkung – vor allem für unsere Vierbeiner, die aufgrund ihrer unfassbaren Sinne schnell mal an ihre Grenzen stoßen. Sie werden die meiste Zeit über herausgefordert – sei es durch das Warten auf stark umtosten Verkehrsinseln, durch Radfahrer, die sich an engen Stellen rücksichtslos an ihnen vorbeiquetschen, durch steile Treppen, unüberschaubare Menschenmengen oder auch den (zu) engen Kontakt zu Artgenossen … All das bedeutet für sie eine Menge Stress.

Umso wichtiger ist, dass die Menschen an ihrer Seite ruhig und sicher bleiben und ihnen dadurch tolle Vorbilder sind, an denen sie sich orientieren können. Wobei ich auch schon an einem sehr wichtigen Punkt angelangt bin: Es bringt nichts, entsprechende Situation möglichst zu meiden – zumal das ja auch gar nicht möglich ist. Besser ist es, den Hund immer wieder sanft zu »provozieren«, damit er erkennt, dass keine Gefahr besteht, sondern alles ganz normal ist.

Auf den folgenden Seiten zeige ich Ihnen, wie sie Ihrem Hund in typischen Situationen helfen. Dadurch kann er den Spaziergang viel mehr genießen – und Sie selbst natürlich auch, weil Ihr vierbeiniger Freund genauso »brav« neben ihnen herläuft, wie Sie es sich immer gewünscht haben.

Die vorgehaltene »Stopphand« ist ein Signal, das jeder Hund instinktiv versteht.

Den Hund zum Mitlaufen motivieren

Während Sie im geführten Teil, den Ton anbeziehungsweise das Tempo vorgeben, ist es die Aufgabe Ihres Hundes, einfach mitzulaufen. Genau das ist aber oft leichter gesagt als getan. Und sehr oft sehe ich Paare, bei denen es genau andersherum ist: Der Hund sagt, wo es langgeht oder wie, während der Mensch hinterhertrottet.

DEN NATÜRLICHEN FOLGEINSTINKT FÖRDERN

Dabei könnte es so einfach sein: Wenn Hunde jung sind, laufen sie ihrem Menschen instinktiv überall hinterher – nicht etwa, weil sie

so klein wären und Angst hätten, sondern weil es einfach ihrer Natur entspricht. Hunde wollen uns folgen und im Prinzip müssen wir dieses Verlangen nur »füttern«, damit es im Laufe der Zeit nicht verloren geht.
Die Leine ist dabei sehr hilfreich, ganz einfach schon deshalb, weil der Hund sich daran weniger leicht selbstständig machen kann – was er gerade im jugendlichen Übermut gerne mal tut, schließlich ist alles neu und die Welt um ihn herum will erforscht werden. Aus demselben Grund rate ich übrigens von Flexileinen ab, die viele gerade für Welpen gerne verwenden. Sie ermöglichen in meinen Augen viel zu viel Bewegungsspielraum – vom Ruck, wenn die Leine ganz abgerollt ist, und der dieselbe Wirkung hat wie der Ruck am anderen Ende der Leine, mal ganz zu schweigen. Eine kurze, locker gehaltene Leine dagegen hilft dem Hund, sich auf seinen Menschen zu konzentrieren.
Junge Hunde lassen sich gut durch interessante Geräusche oder Spielzeug zum Mitlaufen motivieren. Man sollte sie aber ganz gezielt einsetzen, damit sie sich nicht »abnutzen« und nur noch zu einem weiteren Hintergrundgeräusch werden, sondern ihren Signalcharakter behalten.

DIE RICHTUNG VORGEBEN

Aber auch wenn Ihr Hund schon (etwas) älter ist und sich angewöhnt hat, in seinem eigenen Tempo durch die Welt zu laufen und immer dann haltzumachen, wenn er es gerade will, kann er wieder lernen, sich an Ihnen zu orientieren – und einfach entspannt neben Ihnen herzulaufen.

An der kurzen, aber lockeren Leine fällt es dem Hund am leichtesten, sich auf den Menschen zu konzentrieren.

Natürlich darf der Hund mal kurz schnuppern. Er soll aber nicht wegziehen und die Route bestimmen.

Auch dabei ist die Leine wieder ein wichtiges Hilfsmittel. Aber nicht, um einfach gehörig an ihr zu ziehen. Sondern um mit ihr die Richtung vorzugeben. Dazu halten Sie die Leine ohne Zug, aber eindeutig in die Richtung, in die Sie gehen wollen. Und sobald Ihr Hund den ersten Schritt macht, gehen Sie zügig los. Schauen Sie dabei nicht Ihren Hund an, sondern wenden Sie auch Ihren Blick in die Richtung, in die Sie wollen.

Sie brauchen dazu eigentlich nichts zu sagen, sondern nur ruhig und sicher zu agieren. Das wirkt viel mehr auf Ihren Vierbeiner als jedes akustische Signal. Natürlich können Sie auch ein kurzes Kommando, wie »Los!« oder »Auf geht's!«, dazu kombinieren. Ich persönlich vertraue aber lieber auf die Kraft der Körpersprache und der Ausstrahlung.

Damit der Hund, wenn er losgelaufen ist, weiter aufpasst – auf Sie, nicht auf irgendetwas in der Umgebung –, können Sie zwischendurch immer wieder mal das Tempo variieren und ruhig auch mal einen Zahn zulegen, zum Beispiel wenn Sie merken, dass er sich gerade wieder ablenken lassen will. Genauso gut: Unerwartet die Richtung wechseln, weil das den Hund ebenfalls dazu animiert, mehr auf Sie zu achten.

WENN DER HUND STEHEN BLEIBT

Trotzdem wird es natürlich immer wieder Situationen geben, in denen der Hund versucht ist, stehen zu bleiben – vielleicht weil er etwas besonders Interessantes sieht oder riecht, vielleicht weil er sich lösen will, vielleicht aber auch, weil er vor etwas erschrocken oder verunsichert ist. Das Wichtigste, um adäquat darauf zu reagieren, ist zu erkennen, warum genau der Hund stehen bleibt. Ist er unsicher, braucht er vor allem eins: Sicherheit – und zwar durch Sie. Reden Sie jetzt aber nicht beruhigend auf ihn ein, damit bewirken Sie eher das Gegenteil. Atmen Sie lieber tief durch und nehmen Sie innerlich Haltung ein, um Ihre Ruhe und Sicherheit nach außen zu transportieren. Zeigen Sie besonders klar die Richtung mit der Leine an und gehen Sie souverän weiter.
Will der Hund schnuppern? Strukturiert spazieren zu gehen heißt nicht, dass Sie alles verbieten müssen. Wenn es Sie nicht stört, darf er deswegen auch ruhig mal kurz »Nachrichten lesen«. Worum es geht, ist, dass er damit aufhört und weitergeht, wenn Sie es wollen. Auch das machen Sie ihm nicht klar, indem Sie an der Leine ruckeln, sondern mit ihr die Richtung angeben.
Dasselbe gilt natürlich auch, wenn der Hund zwischendurch mal muss. Sie werden aber sehen: Sobald er begriffen hat, dass der Spaziergang aus verschiedenen Teilen besteht, wird er es damit gut bis zur Pause aushalten (nur Welpen müssen eventuell öfter, ihre Blase ist einfach noch sehr klein).

> *»Natürlich darf Ihr Hund zwischendurch mal schnuppern. Wichtig ist nur, dass er damit aufhört, wenn Sie es ›sagen‹.«*

Was tun, wenn der Hund zieht?

Das Gegenteil von »Bummelhunden« sind die Vierbeiner, die wie wild an der Leine ziehen. So kommt man zwar vielleicht schneller voran, einem entspannten Spaziergang steht dieses Verhalten jedoch fast noch mehr im Weg als ständige Trödelei. Außerdem ist ständiges An-der-Leine-Ziehen oft ein Zeichen dafür, dass in der Mensch-Hund-Konstellation etwas nicht stimmt und der Hund sich bei seinem Zweibeiner nicht sicher genug fühlt – auch wenn sein Benehmen genau den gegenteiligen Eindruck erweckt.
Wenn der Hund auf diese Weise die Führung übernimmt, bedeutet das für ihn übrigens sehr häufig gleich doppelten Stress: psychisch, weil er den »Chef« spielen muss, und physisch durch das mit Zug und Gegenzug einhergehende Engegefühl an Hals und Nacken. Stellen Sie sich nur vor, wie viel besser es ihm geht, wenn er loslassen kann – im wortwörtlichen und im übertragenen Sinn.

Zug auf der Leine bedeutet sofort Stress. Daher sollten Sie den Hund umgehend ausbremsen.

SANFT AUSBREMSEN

Nicht selten hat der Mensch seinem Hund das Zerren selbst unbewusst »antrainiert«, indem er einfach weitergelaufen ist, wenn dieser nicht stehen bleiben wollte. Dadurch hat der Vierbeiner gelernt, dass er einfach nur weiterzuziehen braucht, wenn er weiterwill. Ihr Hund soll sich jedoch an Ihnen orientieren – nicht umgekehrt.

Wie bereits gesagt, bringt es nichts, einfach dagegen zu halten und entsprechend am anderen Ende der Leine zu ziehen. Das steigert nur den Stress – auf beiden Seiten. Was Sie lernen müssen, ist, den Hund sanft auszubremsen. Damit er lernen kann, entspannt neben Ihnen herzulaufen. Am besten gelingt auch das durch entsprechenden »Körpereinsatz«, genauer gesagt der Hand als »Stoppschild«, meinetwegen auch kombiniert mit einem verbalen »Stopp!«, »Halt!« oder Ähnlichem. Das Wichtigste aber ist, dass Sie Ihren Hund genau beobachten, um sofort gegenzuhalten, wenn er nach vorne preschen will. Bevor er an Ihnen »vorbei« ist, signalisieren Sie ihm mit der flachen Hand, dass er »hinten« bleiben soll.

Die meisten Hunde verstehen dieses Zeichen instinktiv – was leider aber nicht heißt, dass es schon beim ersten Mal nachhaltig wirkt. Es kann also durchaus sein, dass Sie es zwei-, drei-, viermal oder gefühlt den ganzen Weg anwenden müssen, bis Ihr Hund begreift, dass er nicht nur einen kurzen Moment, sondern generell nicht vorlaufen soll.

Apropos vorlaufen: Ich kenne viele Hundehalter, die meinen, ein Hund müsse immer in gehörigem Abstand hinter seinem Mensch laufen, alles andere wäre ein Zeichen dafür, dass er diesen nicht als »Chef« akzeptiert. Das ist ein Irrtum. Jeder Hundehalter kann selbst die Regeln festlegen, die in seinem Team herrschen. Ob Ihr Hund ein wenig zurückbleibt, genau neben Ihnen oder ein paar Schritte vor Ihnen läuft, sagt nicht zwingend etwas über Ihre Beziehung aus. Vorausgesetzt, die Leine ist nicht aufs Äußerste gespannt, sondern bleibt immer schön locker. Was im Klartext heißt: Keiner zieht – der Hund, wenn er Sie mal »überholt«, genauso wenig wie Sie, wenn Sie vorangehen.

Sobald Ihr Hund sich wieder auf Sie konzentriert, gehen Sie ohne ein weiteres Wort und ohne ihn anzuschauen los. Wenn das gleich klappt: prima! Verzagen Sie aber auch nicht, wenn er wieder vorstürmt. Er braucht dann eben noch einmal Ihre Unterstützung: Bleiben Sie sofort wieder stehen und wiederholen Sie die Prozedur. Und wenn es danach nötig ist, noch einmal. Und noch einmal … Damit Sie nicht unter Zeitdruck geraten, empfehle ich, den Spaziergang vorübergehend etwas früher als gewohnt zu beginnen.

NICHT WEITERGEHEN

Wenn Ihr Hund zu aufgeregt ist, um auf die »Stopphand« zu reagieren, müssen Sie noch klarer werden. Bleiben Sie dann ruhig stehen und warten Sie, bis auch er sich beruhigt hat und ruhig bei Ihnen steht oder sich sogar hinsetzt. Was er lernen soll: Solange er noch »herumzappelt«, geht es einfach nicht weiter. Ich weiß, dass das mitunter viel Zeit und noch mehr Geduld erfordert. Aber es ist sehr wichtig, dass Sie sich beides nehmen. Wenn Sie unter Zeitdruck stehen beziehungsweise selbst ungeduldig werden, weil es Ihnen nicht schnell genug geht, helfen Sie Ihrem Hund überhaupt nicht, im Gegenteil. Er wird Ihre Aufregung und Ihre negative Energie sofort bemerken und sich von ihr anstecken lassen. Das Großartige ist, dass das Ganze aber auch andersherum funktioniert. Wenn Sie also einfach gelassen bleiben und sich die Zeit nehmen, die er braucht (beziehungsweise ihm diese Zeit geben), wird Ihre innere Ruhe auch auf ihn übergehen.

Erst wenn er verstanden hat, dass es keinen Grund zur »Eile« gibt, geht es weiter.

GEWUSST WIE: ZUG AN DER LEINE VERHINDERN

Vielen Hunden fällt es an der kurzen, aber lockeren Leine sehr viel leichter, sich auf Ihr Frauchen oder Herrchen zu konzentrieren – wogegen sie an der langen Leine oft nicht so recht wissen, wo sie hingehören. Sie preschen dann eben mal nach vorne, ziehen zur Seite hin davon oder bleiben irgendwo hinten »hängen«. Auch das ist mit ein Grund, warum ich nicht besonders viel von Flexileinen halte. Menschen, die sie benutzen, denken oft, dass sie ihrem Hund damit mehr Freiheit geben. Tatsächlich aber verunsichern sie ihn, weil er schnell die Orientierung verliert.

»Die Leine ist die verlängerte Hand des Menschen. Sie ist unsere sichtbare Verbindung zum Hund.«

Der Trick mit dem Knoten

Der »Kompass«, an dem sich Ihr Hund beim Gassigehen orientieren sollte, sind Sie. Und deshalb ist es gut, wenn er nicht irgendwo, sondern in Ihrer Nähe ist.
Am einfachsten gelingt ihm das, wenn Sie die Leine gerade so lang halten, dass er locker neben Ihnen herlaufen kann. Damit die Hand mit der Zeit nicht »abrutscht« und die Leine dadurch nach und nach doch wieder immer länger wird, gibt es einen einfachen Trick: Machen Sie im entsprechenden Abstand einen Knoten hinein (siehe Bilder rechts).

Die Hände zu Hilfe nehmen

Wenn Sie merken, dass die Leine bei Ihnen weniger als Verbindungs-, sondern eher als »Druckmittel« dient und der eine meistens in die eine Richtung zerrt, der andere in die entgegengesetzte, hilft diese Technik: Versuchen Sie einmal, die Leine wie eine Tasche schräg über Schulter und Brust zu tragen. Dadurch verkürzt sich zum einen automatisch der Teil, an dem der Hund läuft. Zum anderen haben Sie beide Hände frei, um ihn zu lenken beziehungsweise auszubremsen. Und wenn er das Ganze schließlich beherrscht, haben Sie die Hände immer noch frei – um zum Beispiel eine Einkaufstüte nach Hause zu tragen, einen Kaffee zu trinken oder ein Eis zu essen. Nur eins sollten Sie nicht machen: auf dem Handy herumtippen. Denn Gassigehen ist Quality Time und in der sollte Ihre Aufmerksamkeit nur Ihrem Hund und Ihrer Umgebung gehören. Das Tolle daran: Ganz automatisch tanken dadurch auch Sie jede Menge Kraft und positive Energie. Voraussetzung dafür aber ist, dass die Leine immer schön locker bleibt.

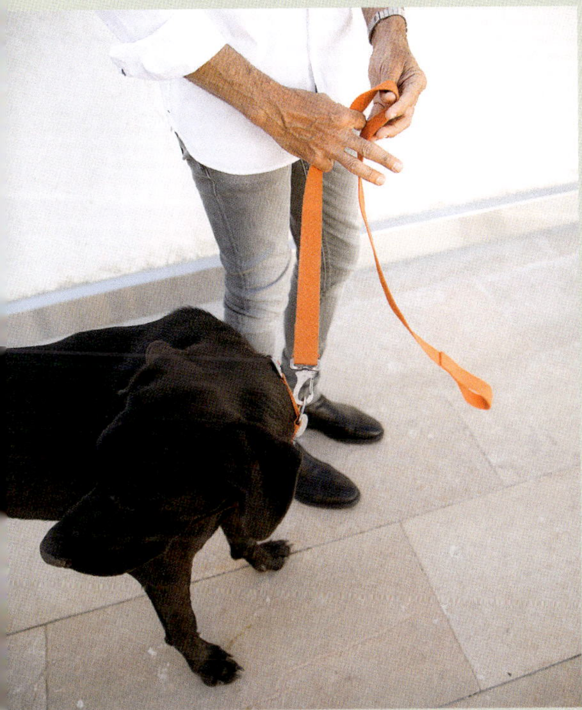

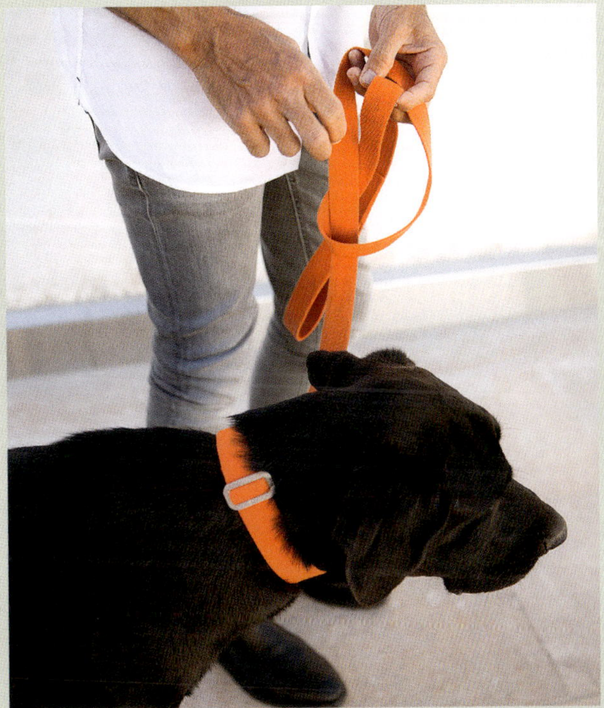

Spazierengehen in der Stadt ist nicht immer so gemütlich wie hier. Spaß machen kann es trotzdem.

Spezielle Herausforderungen

Gerade wenn Sie in der Stadt wohnen, heißt Gassigehen nicht nur über grüne Wiesen und durch schattige Wälder zu schlendern. Vermutlich wird sich vielmehr sogar der Großteil des Spaziergangs auf Gehwegen entlang mehr oder weniger stark befahrener Straßen abspielen – umtost von Lärm. Das stellt Ihren Hund, zumindest anfangs, natürlich vor besondere Herausforderungen.

Wie ich schon geschrieben habe, gibt es auch bei Hunden ganz unterschiedliche Typen: die selbstsicheren, die sich vor nichts zu fürchten scheinen, die eher unsicheren, die überall Gefahren wittern und die dazwischen – das sind wohlgemerkt diejenigen, die ich gerade unerfahrenen Hundehaltern ans Herz lege, wenn sie sich einen Welpen anschaffen. Sie sind in der Regel gerade so »mutig«, dass sie gerne Neues erleben, aber doch so zurückhaltend, dass ihre »Neugier« ihren Besitzer nicht ständig in Alarmbereitschaft versetzt.

Wenn Sie einen eher unsicheren Hund Ihr Eigen nennen, wird er dagegen vermutlich eine Extraportion Unterstützung brauchen, um entspannt durch den Großstadtdschungel zu kommen. Auch wenn Sie auf dem Land wohnen, wird dieser Typ vermutlich unterwegs immer wieder in Situationen geraten, in denen er darauf angewiesen ist, dass Sie ihm die Sicherheit vermitteln, die er braucht, um selbst sicherer zu werden und den Spaziergang genießen zu können.
Eher draufgängerische Hunde haben in der Regel weniger Angst vor Getöse. Genauso wenig sind für sie beispielsweise eine enge Fußgängerbrücke, eine steile Treppe oder ein rutschiger Untergrund große Hindernisse. Möglicherweise kommen sie aber nicht so gut damit zurecht, wenn sie an der Leine anderen Hunden begegnen, oder sie bellen Radfahrer an. Und das macht den Spaziergang ebenso schnell zum Spießrutenlauf, wie wenn der Hund ständig irgendetwas oder irgendwem ausweichen oder nicht weitergehen will. Deswegen brauchen auch diese Hunde einen Menschen an ihrer Seite, der ihnen ruhig vermittelt, dass sie sich nicht aufregen müssen, sondern entspannen können.

ALLES EINE SACHE DER ÜBUNG

Sie helfen Ihrem Hund wenig, wenn Sie Situationen, die ihm sichtlich zusetzen, einfach umgehen. Im Gegenteil! Er lernt dann nämlich nicht, dass er gar nicht beunruhigt sein muss und einfach entspannt weiterlaufen könnte. Genau das aber können Sie ihm zeigen, wenn Sie ihn ruhig immer wieder gezielt in die »kritische« Situation bringen – was sich gerade in der Stadt meist ohnehin nicht vermeiden lässt. Sie können die Autos, Menschen und Straßenkreuzungen ja nicht einfach verschwinden lassen. Das Ziel sollte daher sein, den Hund so zu stärken, dass er den Spaziergang mit Ihnen trotz möglicher Hindernisse ohne Angst und ohne Aufregung genießen kann. Und dabei ist es Ihre Aufgabe, Ihrem Vierbeiner zu zeigen, dass keinerlei Gefahr für ihn besteht und er an Ihrer Seite die Stelle ganz stressfrei passieren kann. Weil Sie auf ihn aufpassen.

An engen und gefährlichen Stellen ist es besser, Sie gehen zwischen dem Hund und möglichen Gefahrenquellen.

Ich gebe zu, dass dieses Ziel gerade für Halter unsicherer Hunde zu einer Art Meditationsübung werden kann. Denn je unsicherer ein Hund ist, desto öfter stellen ganz normale Dinge ein Hindernis für ihn dar. Er mag dann vielleicht nicht an einem geparkten Motorrad vorbeigehen oder »bockt« bei Treppen, Aufzügen oder wenn der Boden eine bestimmte Farbe hat beziehungsweise aus einem bestimmten Material besteht. Womöglich fühlt er sich auch sichtlich unwohl, wenn irgendwo viele Menschen sind, oder springt entsetzt zur Seite, wenn ein Kind auf einem Roller an ihm vorbeirattert. Das mag hier vielleicht witzig klingen, aber stellen Sie sich nur mal vor, Sie laufen in dem Moment eine stark befahrene Straße entlang …

Das Wichtigste, was ein Hund in so einer Situation braucht, ist Ruhe. Innere Ruhe. Und um diese zu finden, braucht er Ihre Unterstützung. Allerdings sind Hunde wahre Meister, wenn es darum geht, unser Befinden zu erspüren. Sie nehmen jede noch so winzige Bewegung wahr, merken, wenn wir nervös nach links und rechts schauen, auch wenn dies nur den Bruchteil einer Sekunde in Anspruch nimmt. Vor allem aber haben sie eine so feine Nase, dass sie jede biochemische Reaktion unseres Körpers riechen, lange bevor wir deren Folgen überhaupt wahrnehmen (siehe Seite 44). Deshalb wittern sie zum Beispiel, dass wir Angst haben oder unter Stress stehen. Und ähnlich wie bei einem Handytelefonat unsere Stimme durch elektromagnetische Schwingungen von einem Gesprächspartner zum anderen übertragen wird, »schwingt« unser Befinden zu unserem Vierbeiner und »schwappt« auf ihn über.

Das Ganze ist also in erster Linie eine Übung für uns Menschen: Wir müssen lernen, selbst ruhig und gelassen zu werden, weil wir durch dieses »Signal« auch unsere Hunde zur Ruhe bringen. Dass dies durchaus nicht immer ein Kinderspiel ist, liegt daran, dass die Sache mit den Schwingungen genauso auch in die entgegengesetzte Richtung funktioniert. Und das heißt, dass wir uns nur zu gern von unseren Hunden »anstecken« lassen und dann selbst nervös, fahrig, ungeduldig und vielleicht sogar laut werden – was wiederum die Situation nicht besser macht, sondern eher noch verschlimmert. Ich sag ja: Es ist mitunter eine Art der Meditation.

MUT »ZUSPRECHEN«

Was genau das nun für den Spaziergang bedeutet, will ich Ihnen an einem konkreten Beispiel zeigen. Wenn Ihr Hund sich zum Beispiel sperrt, eine Treppe hinunterzugehen, bringt es wenig, ihn dadurch überzeugen zu wollen, dass Sie an der Leine ziehen. Er wird sich dann vermutlich nur noch mehr sträuben. Denn Druck erzeugt Gegendruck. Was die negativen Schwingungen auf beiden Seiten betrifft: Die schaukeln sich auf diese Weise schnell höher und höher.

Wenn ich auf meinen Workshops frage, was meine Klienten in so einem Fall machen, höre ich oft, dass sie versuchen, dem Hund gut zuzureden und so Mut zu machen. Genauso oft geben sie aber zu, dass sie damit nicht viel weiterkommen. Wie auch? Während wir Menschen Mitleid nämlich als ein durchaus positives Gefühl zu schätzen wissen und warmherziges Mut-Zusprechen als durchaus hilfreich empfinden, interpretieren Hunde es als Zeichen der Schwäche und Unsicherheit. Und das wiederum bedeutet, dass unser gutes Zureden ihre eigene Unsicherheit nur noch verstärkt (siehe Seite 37).

Worum es letztendlich geht, ist, dem Hund ruhig und sicher zu signalisieren, dass von den Treppenstufen keine Gefahr ausgeht. Das müssen Sie sich als Erstes selbst klarmachen und dann dem Hund: durch eine klare, sichere Körpersprache, etwa ein deutliches Handzeichen, das ihm die Richtung weist, in die es geht. Schauen Sie dabei nicht ihn an, sondern wenden Sie Ihren Blick ebenfalls in die gewünschte Richtung.

Anfangs können Sie sich auch mit einem »Trick« behelfen und Ihren Vierbeiner mit seinem Lieblingsspielzeug oder einem Leckerli motivieren. Ich würde aber, wenn es ein paarmal geklappt hat und die größte Unsicherheit überwunden ist, zur Variante mit dem Handzeichen übergehen, auch wenn das nochmals ein paar »Übungsstunden« bedeutet. Aber anderenfalls sind sie immer auf ein Hilfsmittel angewiesen. Dabei sind Sie doch das wichtigste »Hilfsmittel« für Ihren Hund. Halt, ein anderes wichtiges Hilfsmittel hätte ich fast vergessen: die Leine. Ist sie für Ihren Vierbeiner positiv belegt (siehe Seite 64–65), können Sie sie sehr gut dazu nutzen, ihm ohne viele Worte zu zeigen, wohin er gehen soll. Dazu halten Sie die Leine locker, aber eindeutig in die entsprechende Richtung. Sobald Ihr Hund einen Schritt in die gewünschte Richtung macht, gehen Sie sicher und ruhig weiter – ohne ein Wort oder ein anderes Signal, denn das könnte den Hund unter Umständen nur wieder verunsichern. Auf diese Weise zeigen Sie ihm am besten, dass Sie die Situation unter Kontrolle haben und er nichts weiter zu tun braucht, als sich an Ihnen zu orientieren.

Je öfter Sie Ihrem Hund dabei helfen, desto sicherer und damit gelassener wird er werden. Er wird vermutlich trotzdem immer der eher schüchterne Typ bleiben. Aber er ist in der Lage, viele Herausforderungen des Alltags recht souverän zu meistern, und hat deswegen nicht mehr so viel Stress. Und das tut ihm einfach gut – genauso übrigens wie auch Ihrer Beziehung zu ihm.

Auch wenn ein Hund Angst hat, gibt es keinen Grund loszupreschen. Er sollte auch Hindernisse cool bewältigen.

Die Herausforderung ist natürlich, dass Hunde wie wir selbst auch Gewohnheitstiere sind und das Problem daher in den seltensten Fällen von einem Mal aufs andere überwunden ist. Sie müssen also immer wieder mit gutem Beispiel vorangehen – sei es schon nach wenigen Stufen oder bei der nächsten Treppe. Verlieren Sie nicht die Geduld. Spazierengehen heißt eben nicht nur, im Park herumzutollen, sondern auch – und vor allem – gemeinsam zu lernen und mit der Zeit ein gutes und eingespieltes Team zu werden.

Wenn Ihr Hund erleben darf, dass er sich immer auf Sie verlassen kann, weil Sie die Kontrolle übernehmen, hat er viel mehr davon als von fünf ausgelassenen Minuten beim Fangenspielen mit anderen Vierbeinern auf der Hundewiese. Genau das ist ja das Geheimnis meiner Art des Gassigehens. Sehen Sie also Hindernisse nicht als »Stolpersteine«, sondern als wertvolle Übungseinheiten auf dem Weg zur perfekten Mensch-Hund-Beziehung. Sie stärken die Bindung und lassen Sie gemeinsam wachsen.

Selbst meine Hunde sind mal unsicher, wenn sie etwas noch nicht kennen. Aber sie achten auch mich und orientieren sich an mir – und können so mit meiner Hilfe ihre Angst überwinden.

HINDERNISSEN AUSWEICHEN

In alten Hundebüchern las man oft, dass Hunde immer auf einer Seite ihres Frauchens oder Herrchens gehen müssen. Heute hört man diesen »Rat« zum Glück nur noch sehr selten. Wozu soll er auch gut sein? Im Gegenteil: Ich finde es sogar sehr wichtig, dass der Hund ab und zu die Seite wechselt – wenn sein Mensch es möchte.

Überlegen Sie zum Beispiel einmal, an welcher Hand Sie ein kleines Kind auf dem Gehweg halten würden. Vermutlich an jener, an der es weiter von der Straße entfernt läuft. Weil das sicherer ist. Genauso ist es bei Hunden. Das heißt nicht, dass Sie Ihren Hund von nun an immer an der »Häuserseite« führen sollen. Es heißt aber sehr wohl, dass Sie ihm dadurch, dass Sie sich selbst zwischen ihn und mögliche Gefahren stellen, ein gutes Gefühl der Sicherheit geben können. Wenn sich zum Beispiel Fußgänger und Radfahrer den Weg teilen müssen, würde ich den Hund nicht direkt an der »Grenzmarke« führen,

In so einer ungewohnten Situation ist es wichtig, ihnen besonders viel mentalen Halt zu geben – und auch mal eine Extraportion Lob, wenn alles »überstanden« ist und sie die Herausforderung bewältigt haben.

sondern immer selbst als »Puffer« zwischen ihm und den Radfahrern laufen. Indem Sie wie beim Treppensteigen die Leine locker, aber eindeutig in die von Ihnen gewünschte Richtung halten, können Sie dem Hund von Anfang an schon recht deutlich zeigen, wo er laufen soll. Trotzdem kann es notwendig sein, ihn zwischendurch auf die andere Seite zu nehmen. Weil das oft in Situationen der Fall ist, die einen unsicheren Hund noch zusätzlich verunsichern könnten – beispielsweise wenn ein Hund, der Motorräder nicht »mag«, auf einem schmalen Bürgersteig an einem ebensolchen vorbeisoll –, sollten Sie vorausschauend handeln und den Seitenwechsel möglichst früh einleiten. So können Sie umso ruhiger vorgehen. Und das bedeutet für den Hund noch weniger Aufregung. Zum Seitenwechsel führen Sie die Hand, die die Leine hält, hinter den Rücken und nehmen sie dort in die andere Hand. Achten Sie dabei darauf, dass Sie den Hund nicht ziehen, sondern er sich durch die Leine leiten lässt und entspannt mitläuft. Notfalls bleiben Sie stehen und helfen mit der »freien« Hand etwas nach. Wichtig ist, dass Sie Ihren Vierbeiner nicht mit der Leine ziehen. Diese soll zwar eindeutig die Richtung weisen, darf aber nicht straff gespannt sein wie eine Gitarrensaite. Warten Sie kommentarlos so lange, bis Ihr Hund Ihr Signal verstanden hat und sich (wieder) dorthin begibt, wo Sie ihn haben wollen. Erst dann gehen Sie sicheren und ruhigen Schrittes weiter.
Es kann durchaus sein, dass Ihre Intention nicht sofort bei Ihrem Vierbeiner ankommt. Umso wichtiger ist es, wie eigentlich immer, nicht die Geduld zu verlieren und ihn jedes Mal ruhig, aber klar darauf hinzuweisen, was Sie von ihm wollen, bis er es verstanden hat. Ab dann reicht in entsprechenden Situationen vermutlich ein kurzer Hinweis.

STÄNDIGES SEITENWECHSELN UNTERBINDEN

Nach einem ähnlichen Prinzip gehen Sie vor, wenn Ihr Hund von sich aus ständig die Seite wechselt und zwischen Ihren Beinen herumwuselt. Das ist nämlich alles andere als entspannend – weder für Sie noch für ihn. Sie müssen immer darauf achten, nicht über den Hund oder die Leine zu stolpern, und er kann nicht abschalten, weil er sich ständig versichern muss, ob er auf der anderen Seite nicht gerade etwas versäumt oder ob es dort nicht sicherer für ihn wäre. Das stresst.
Wenn Ihr Hund das nächste Mal selbstständig hinter Ihrem Rücken die Seite wechseln will, bleiben Sie stehen, führen den Arm auf der Seite, auf der er laufen soll, etwas weiter nach vorne und leiten ihn hinter Ihrem Rücken dorthin zurück. Dabei können Sie gerne wieder sanft mit der freien Hand nachhelfen. Will er vor Ihnen Ihre Bahn kreuzen, bremsen Sie ihn mit der »Stopphand« aus und lenken ihn notfalls freundlich zurück, während die Leine weiter die richtige Richtung zeigt. Einem kleineren Hund können Sie auch den Weg versperren, indem Sie Ihr Bein nach vorne stellen. Solche Zeichen verstehen Hunde recht schnell. Wichtig ist aber auch hier, dass die Leine immer locker bleibt und Sie ohne große Worte so lange warten, bis Ihr Hund verstanden hat, was Sie von ihm wollen. Erst dann gehen Sie ruhig weiter.

Nur keine Hektik: Um den Hund entspannt zu lenken, wechselt die Leine hinter dem Rücken die Hand. Mit der freien Hand können Sie dazu dem Hund zusätzlich zeigen, wohin er gehen soll.

Straßenkreuzungen sind immer eine Herausforderung. Achten Sie auf Ihren Hund, damit er auf Sie achten kann.

Straßen überqueren

Ich finde ja, dass man im Straßenverkehr mit am besten versteht, warum es nicht gut ist, wenn der Hund vornewegläuft – egal ob mit oder ohne Leine. Besonders sicher wäre das nämlich für ihn nicht. Weil er weder die Geschwindigkeit eines Autos oder Radfahrers einschätzen kann noch weiß, ob die Ampel gerade Rot oder Grün zeigt, wäre so mancher Unfall vorprogrammiert.
Gerade in unübersichtlichen Situationen ist es wichtig, dass der Mensch souverän anführt. Manchmal kann es dabei hilfreich sein, dem Hund zusätzlich mit der freien Hand zu verstehen zu geben, dass er hinten bleiben soll, etwa wenn man zwischen zwei parkenden Autos auf die Fahrbahn tritt. Im Grunde ist es auch hier wie mit einem Kleinkind: Das würden Sie ja auch nicht vorne ziehen lassen.

STEHEN BLEIBEN

Apropos Ampel: Ich finde nicht, dass ein Hund sich unbedingt hinsetzen muss, während man auf die Grünphase wartet. Es genügt, wenn er ruhig stehen bleibt. Aber auch das muss er lernen – und zwar nicht nur fürs An-der-Ampel-Warten.
Am besten üben Sie das Stehenbleiben nicht erst in der »Notsituation«, sondern einfach immer wieder mal zwischendurch beim Laufen. Machen Sie dabei nicht den Fehler zu meinen, Ihr Hund würde einfach so das Kommando »Stopp!« oder »Steh!« beherrschen. Das tut er nämlich nicht. Wie auch? Wenn er nicht stehen bleibt, wenn Sie es tun, braucht er anfangs ein deutliches Signal: Sie

können ihm einfach den Weg versperren und gleichzeitig mit der »Stopphand« zeigen, dass es erst mal nicht weitergeht.
Was ganz wichtig ist: Wenn Sie Ihrem Hund ein Kommando wie »Stopp!« oder »Steh!« beibringen wollen, müssen Sie dieses Wort genau in dem Augenblick sagen, in dem er ruhig neben Ihnen steht – also nicht während er noch oder schon wieder weiterläuft oder sich gerade umdreht, um zu Ihnen zurückzutrotten. Er versteht ja den Sinn des Wortes nicht, sondern muss es mit dem Moment des Stehens verknüpfen. Dasselbe gilt übrigens, wenn Sie ihm ein Handzeichen oder irgendein anderes Signal für »Stopp!« oder »Steh!« beibringen wollen.

»Durch ein deutliches Handzeichen auf Augenhöhe lernen Hunde schnell, wann sie anhalten sollen.«

Stehenbleiben-Lernen ist im Vergleich zum »Sitz«!« (siehe Seite 100) und erst recht zu »Platz!« (siehe Seite 118–119) für den Hund recht einfach. Daher wird es bald schon genügen, wenn Sie ihm die »Stopphand« in Höhe seines Kopfes zeigen, damit er weiß, was zu tun ist. Sagen Sie dann wieder Ihr Signal, wenn er stehen bleibt. Genauso machen Sie es, wenn er selbstständig wieder weiterlaufen will. Es wird nicht lange dauern, bis er verstanden hat, dass es erst weitergeht, wenn Sie es wollen. Zum Beispiel wenn die Ampel auf Grün umschaltet.

GROSSE STRASSEN ÜBERQUEREN

Wenn das Ganze auch noch mit viel Lärm verbunden ist wie an einer Baustelle oder einer großen Kreuzung, reagieren gerade unsichere Hunde gerne mal mit Panik und versuchen zu fliehen. Umso wichtiger ist, dass Sie selbst souverän bleiben, die Leine möglichst kurz (aber locker) halten und ganz deutlich die Richtung vorgeben. Versuchen Sie den Hund so ruhig und sicher wie möglich anzuleiten, auch wenn Sie selbst gestresst sind. Müssen Sie in der Straßenmitte auf einer Verkehrsinsel warten, lassen Sie den Hund neben sich stehen und signalisieren ihm, wenn nötig, mit der vorgehaltenen »Stopphand«, dass er warten soll.
Auf keinen Fall sollten Sie aus falsch verstandener Rücksicht Straßen und Kreuzungen meiden, die Ihren Hund stressen. Denn zum einen lernt er so nie, dass er in Ihrem Beisein nichts befürchten muss, und zum anderen schränken Sie sich dadurch selbst unnötig in Ihrem Bewegungsraum ein. Auf Dauer macht das keinen glücklicher.
Haben Sie also keine Angst und bedauern Sie Ihren Hund nicht, dass er in der (Groß-) Stadt leben muss und nicht irgendwo auf dem Land. Jede Kreuzung, jede Verkehrsinsel und jeder Zebrastreifen ist eine Chance, ihm zu zeigen, dass er sich immer hundertprozentig auf Sie verlassen kann – und ist somit beste »Beziehungsarbeit«.

Hundebegegnungen an der Leine

Viele meiner Klienten haben mit ihren Hunden kein Problem – bis sie beim Spazierengehen einem anderen Hund begegnen. Sie wählen daher Tag für Tag Routen, auf denen sie möglichst allein unterwegs sind, machen unnötige Umwege oder gehen zu solchen Zeiten Gassi, in denen andere noch oder schon längst schlafen … Alles nur, weil ihr Hund sich beim Anblick eines Artgenossen derart ins Zeug legt, dass man ihn kaum noch halten kann. Dass so ein Verhalten nicht nur für den Vierbeiner Stress pur ist, brauche ich wohl nicht zu sagen. Dass man es ändern kann, aber durchaus.

KLÄFFENDE HUNDE

Wenn ein Hund an der Leine andere Hunde anbellt oder sie sogar angehen will, denken Hundebesitzer oft, dass er eben ein »Macho« sei, der keine Konkurrenten neben sich dulde. Dabei ist genau das Gegenteil der Fall: Solche Hunde sind extrem unsicher, weil sie ganz und gar nicht das Gefühl haben, ihr Mensch hätte die Lage jederzeit unter Kontrolle. Und dieses Gefühl verstärkt sich noch, wenn der Zweibeiner energisch an der Leine reißt und schimpft oder schon beschwichtigend auf seinen Vierbeiner einzureden beginnt, sobald er in der Ferne einen anderen Hund entdeckt. Denn beides vermittelt nicht gerade Souveränität.

Nehmen Sie Ihren eigenen Hund rechtzeitig auf die abgewandte Seite, wenn Ihnen ein anderer Vierbeiner entgegenkommt. Jeder Zentimeter mehr Abstand entschärft mögliche Konfliktsituationen.

Natürlich gibt es Fälle, in denen man sich als Hundehalter Hilfe von einem Experten holen sollte, etwa wenn der Hund immer wieder handgreiflich wird oder man sonst wie das Gefühl hat, die Situation nicht alleine in den Griff zu bekommen. Ganz oft aber hilft es schon, die Lage zu entspannen, indem man selbst entspannt.

Ganz konkret bedeutet das: Lenken Sie die Aufmerksamkeit von dem anderen Hundehalter und seinem Vierbeiner auf Ihren eigenen. Sobald Sie merken, dass dieser angespannt ist – also noch bevor er überhaupt anfängt zu bellen –, halten Sie an und lassen ihn sich hinlegen (siehe auch Seite 118–119). Stellen Sie sich dann zwischen ihn und den anderen Hund (oder gehen Sie in die Hocke) und lassen Sie ihn liegen, bis er vollkommen entspannt ist. Achten Sie währenddessen gar nicht auf den vermeintlichen Kontrahenten, sondern konzentrieren Sie sich voll und ganz auf Ihren eigenen Vierbeiner – und vor allem auf sich selbst: Denn nur wenn Sie ruhig und gelassen bleiben, kann Ihr Hund genau das auch werden.

Hat er sich komplett beruhigt, darf er aufstehen und Sie gehen zusammen weiter – egal ob der andere Hund noch in der Nähe ist oder nicht. Wenn er wieder anfängt zu bellen und zu zerren, müssen Sie das Ganze eben noch einmal wiederholen. Und bei Bedarf noch einmal … Wie in so vielen Situationen. Ja, ich gebe zu: Das ist anstrengend. Aber noch anstrengender ist es, ein Hundeleben

Werden Sie nicht langsamer und beschleunigen Sie auch nicht, sondern gehen Sie einfach entspannt im selben Tempo weiter wie bisher. So lernt Ihr Hund, dass er einfach an Artgenossen vorbeilaufen kann.

Wenn Sie stehen bleiben wollen, können Sie Ihren Hund »einladen«, ebenfalls Kontakt aufzunehmen.

lang das Gezerre und Gebelle durchzustehen. Wenn Sie meine Methode konsequent anwenden, ist es damit jedoch nach einer Zeit ein für alle Mal vorbei.

EINFACH EINEN BOGEN MACHEN

Es gibt natürlich auch die anderen Hunde, die an sich kein Problem mit Artgenossen haben, die so ein »Springteufel« aber durchaus verunsichert. Als ihr Mensch kann man in so einer Situation nicht mehr tun, als den eigenen Vierbeiner zu schützen und die Situation zu entschärfen, indem man aufmerksam ist und rechtzeitig die entsprechenden Schritte einleitet. Den anderen Hundehalter anzusprechen oder sich gar mit ihm zu streiten, macht es meist nur noch schlimmer, weil man dabei schnell die innere Ruhe verliert, die für den eigenen Hund so wichtig ist, damit er sich sicher fühlt.
Nehmen Sie Ihren Hund schon in gebührendem Abstand auf diejenige Seite, auf der er den größtmöglichen Abstand hat. Dadurch befinden Sie sich automatisch als »Puffer« zwischen ihm und dem »Angreifer«. Leiten Sie gleichzeitig einen möglichst weiten Bogen um den anderen Hund ein. Das heißt nicht, dass Sie auf die Straße oder ins Gebüsch ausweichen sollen, aber nutzen Sie den Raum, der bequem zur Verfügung steht. Jeder Zentimeter entspannt die Situation.
Schauen Sie nicht auf den anderen Hund und auch nicht auf Ihren eigenen, sondern gehen Sie klar und sicher einfach weiter. So sind Sie ein gutes Vorbild für Ihren Vierbeiner – und dadurch kann er sich an Ihnen orientieren und die Situation relativ stressfrei meistern.
Dieses Bogen-Gehen empfehle ich – in abgeschwächter Form – übrigens bei allen Hundebegegnungen. In »freier Wildbahn« würde auch kein Hund einfach schnurstracks auf einen fremden Artgenossen zulaufen. Achten Sie nur mal auf der Hundewiese darauf, wie Hunde sich einander nähern: in einem mehr oder weniger weiten Bogen.
Der geführte Teil des Spaziergangs ist außerdem dazu gedacht, dass sich Ihr Hund an Ihnen orientiert. Er braucht in dieser Zeit nicht stehen zu bleiben und andere Hunde zu beschnuppern – es sei denn, Sie wollen es, weil Sie sich zum Beispiel kurz mit deren Besitzer unterhalten möchten.

»Hundeschule« nebenbei

Wie Sie vermutlich schon gemerkt haben, bin ich ein Fan des Learning by Doing. Ich halte nicht viel davon, nur einmal in der Woche in die Hundeschule zu gehen und darauf zu vertrauen, dass der Hund dort alles lernt, was er können soll. Viel besser ist es meiner Meinung nach, den »Unterricht« zusätzlich in den Alltag zu integrieren, etwa beim Spazierengehen. Nutzen Sie die vielen verschiedenen Gelegenheiten, die sich unterwegs bieten, um Unsicherheiten zu überwinden und Grundkommandos einzuüben und zu festigen, die im Alltag wichtig sind, auch wenn gerade keine Hindernisse herumstehen oder irgendwelche Gefahren drohen. Durch solche »Spezialaufgaben« zwischendurch gewinnt der Spaziergang an Qualität und wird vom reinen »Workout« zum Training mit Köpfchen. Genau das stärkt die Beziehung.

SITZEN ÜBEN

Ein Beispiel dafür: So wie Sie zum Beispiel an der Ampel das Grundkommando »Steh!« üben können (siehe Seite 92–93), können Sie unterwegs auch immer wieder ganz nebenbei »Sitz!« trainieren. Ob am Zeitungskasten, am Bankautomaten oder am Obststand: Es gibt unterwegs unzählige Gelegenheiten für einen kleinen Stopp – und eine Übungseinheit. Sie müssen den Hund dabei nicht so lange sitzen und aufstehen lassen, bis er verstanden hat, was Sie wollen. Lernen ist ein Prozess. Freuen Sie sich über kleine Erfolge und bleiben Sie dran.

Wenn Ihr Hund das Signal »Sitz!« (oder ein entsprechendes Handzeichen) noch nicht kennt, warten Sie, bis er neben Ihnen steht, sagen das Kommando und drücken dabei sanft mit der Hand sein Hinterteil nach unten. Geht er wieder nach oben, helfen Sie wieder mit der Hand nach, diesmal ohne Worte. Denn die nutzen sich ziemlich schnell ab und der Hund reagiert dann gar nicht mehr darauf. Vertrauen Sie also lieber auf die Kraft der Körpersprache. Damit kommen Sie Ihrem Hund entgegen – und außerdem viel schneller ans Ziel.

Wenn der Hund wieder aufstehen will – kurz den Po Richtung Boden zu bewegen lernen die meisten recht schnell, ihn aber auch eine Weile unten zu lassen dauert schon länger –, drücken Sie ihn kommentarlos sanft wieder nach unten. Ganz wichtig ist natürlich auch hier wieder, dass Sie selbst nicht gestresst sind, auch wenn es nicht auf Anhieb klappt. Schließlich soll der Hund lernen, dass er, wenn er sich hinsetzen soll, auch entspannen darf. Und das kann er nur, wenn er sich bei Ihnen sicher fühlt.

Sie wollen weitergehen? Dann gehen Sie! Dazu braucht es kein Extrakommando. Starten Sie einfach ohne Aufregung und setzen Sie Ihren Weg wie gewohnt fort. Ach ja: Natürlich brauchen Sie Ihren Hund nicht jedes Mal sitzen zu lassen, wenn Sie kurz etwas erledigen. Genauso können Sie die Unterbrechung auch als »Steh!«-Übung nutzen. Gerade wenn es nass und der Boden kalt ist, tun Sie Ihrem Hund damit einen Gefallen.

NOCH MEHR ÜBUNGSMÖGLICHKEITEN

Eine weitere gute Gelegenheit fürs Sitzen-Üben ganz nebenbei sind die Minuten, bevor Sie zum Gassigehen aufbrechen. Lassen Sie Ihren Hund sich jedes Mal setzen, ehe Sie ihm die Leine anlegen (der Po sollte aber wirklich den Boden berühren, nicht noch halb in der Luft hängen). Und wenn er danach aufsteht, gleich noch einmal – bis Sie die Türe öffnen. Loben müssen Sie ihn dafür nicht, der anschließende Spaziergang ist ohnehin die größte Belohnung für ihn. Und für Sie ist »Sitz!« eine gute Merkhilfe, dass Sie immer ohne Eile aufbrechen sollten. Immer die Ruhe (siehe auch ab Seite 59)!

Es gibt unzählige Gelegenheiten, beim Spazierengehen Dinge zu üben, die ein Hund im Alltag beherrschen muss. Und immer wieder so nebenbei ausgeführt, gehen sie ihm bald in Fleisch und Blut über. Wenn der Hund auch im Gedränge ruhig sitzen bleibt, ist es kein Problem, mal schnell ein Eis zu kaufen oder einen Kaffee zu trinken – mit Hund. Warum sollte man seinen vierbeinigen Freund auch deswegen zu Hause lassen?

SHAD
7609
JLB

GEWUSST WIE: LEINEN LOS?

In vielen Städten herrscht Leinenpflicht. Abgesehen davon gibt es immer wieder Situationen, in denen es für einen Hund sicherer ist, an der Leine zu gehen – von dem Signal, das man mit einem angeleinten Hund an seine Mitmenschen sendet, ganz zu schweigen (wenn Sie Ihren Hund an der Leine führen, bedeutet das: »Ich weiß, dass nicht jeder Hunde mag, und daher achte ich darauf, dass mein Hund anderen nicht ungefragt zu nahe kommt«). In meinen Augen ist es also unerlässlich, seinen Hund an die Leine zu gewöhnen. Allerdings kenne ich auch keinen Hundehalter, der nicht irgendwann davon träumt, seinen Hund einfach frei laufen zu lassen. Das scheint einfach irgendwie der Vorstellung zu entsprechen, die wir von Natur und Freiheit haben. Wobei wir schon beim ersten Missverständnis sind: Ein Hund ist nämlich nicht automatisch frei, bloß weil er frei herumlaufen kann. Er ist dann frei, wenn er sich keine großen Gedanken machen muss, was um ihn herum passiert. Und das kann er nur, wenn er sich bei seinem Menschen sicher und aufgehoben fühlt. Ob er dann an der Leine läuft oder nicht, ist ihm ehrlich gesagt schnuppe.

Einfach mal ausprobieren

So gesehen besteht keine Notwendigkeit, den Hund ohne Leine laufen zu lassen. Es spricht aber auch nichts dagegen, es einfach mal zu versuchen. Voraussetzung dafür sollte sein, dass er sich an der Leine sicher und ruhig führen lässt und zuverlässig reagiert, wenn Sie ihn zu sich rufen (siehe Seite 126–127). Nach wie vor sollten außerdem dieselben Regeln gelten wie an der Leine. Das heißt, Sie bestimmen, wo es langgeht und in welchem Tempo – was die doppelte Portion Souveränität von Ihnen verlangt. Denn natürlich ist für den Hund die Verführung, mal kurz sein eigenes Ding zu machen, ohne Leine sehr viel größer. Das heißt nicht, dass er immer genau hinter Ihnen oder im Gleichschritt neben Ihnen hergehen muss. Worauf es ankommt, ist, dass er sich nicht selbstständig macht, sondern bei Ihnen bleibt. Wie groß der Radius ist, in dem er sich bewegen kann, bleibt Ihnen überlassen. Solange er die Grenzen respektiert, die Sie setzen, ist alles in Ordnung. Er läuft dann quasi an einer Leine im Kopf.

Setzen Sie sich nicht unter Druck

Wenn Sie das Gefühl haben, Ihrem Hund ohne Leine nicht genug Sicherheit und Ruhe vermitteln zu können, weil Sie selbst zu nervös sind, dass irgendetwas Unvorhergesehenes passieren könnte, lassen Sie ihn lieber an der Leine. Denn Ihr Vierbeiner würde Ihre Unsicherheit sofort bemerken und entsprechend unentspannt reagieren – auch wenn an der Leine sonst alles gut funktioniert. Aber Hunde leben nun mal im Hier und Jetzt. Für sie zählt, welche Signale sie im Moment erhalten. Von so einem Spaziergang hat dann keiner was, weder Sie noch Ihr Hund und schon gar nicht Ihre Beziehung zueinander.

DIE PAUSE

Wer gut arbeitet, darf auch mal ausruhen. Deswegen machen Sie zwischendurch kurz Pause. Jetzt haben Zwei- und Vierbeiner »frei« – zum Ausruhen, zum Spielen oder einfach nur zum Herumschnüffeln.

Den größten Teil des Spaziergangs soll Ihr Hund bei Ihnen laufen. Die restliche Zeit aber darf er dann machen, was er will. Na gut, so ganz stimmt das nicht, er soll schließlich zum Beispiel nicht abhauen, einfach jagen gehen oder andere Hunde aufmischen. Das wird er aber auch gar nicht, wenn Sie ihn die Zeit davor (und danach, siehe dazu ab Seite 131) wie besprochen führen. Denn dadurch ist er bereits im »Folgermodus« und wird sich nicht selbstständig machen, auch wenn er es jetzt theoretisch könnte. Stattdessen wird er die Pause als das genießen, was sie ist: eine kurze Auszeit zum Abhängen und Spielen. Vereinfacht gesagt findet in der Pause somit genau das statt, was die meisten irrtümlicherweise als den Sinn und Zweck des Gassigehens ansehen. Allerdings gilt auch hier: Sie machen gemeinsam Pause. Zücken Sie also nicht gleich wieder das Handy, sondern genießen Sie die Minuten zusammen mit Ihrem Hund, jetzt können Sie sich ganz aufeinander einlassen.

»Die Pause ist nicht dazu da, um sich auszupowern, sondern um Spaß miteinander zu haben.«

Wie oft und wo wird pausiert?

Wenn Sie einfach eine normale Gassirunde drehen, machen Sie etwa bei der Hälfte eine Pause – und gehen dann zurück. Wenn Sie länger unterwegs sind, sollten sich geführte Teile und Pausen im gleichmäßigen Rhythmus abwechseln – wobei auch dann die Pausen immer den deutlich kleineren Teil ausmachen (siehe Kasten Seite 134).

Pausen sind übrigens auch dann nötig, wenn Sie ohne Leine spazieren gehen. Schließlich sollte Ihr Hund in diesem Fall ja genauso bei Ihnen laufen und sich an Ihren orientieren (Sie erinnern sich: die mentale Leine, siehe Seite 104–105). Er hat sich daher zwischendurch genauso eine kurze Freizeit verdient, wie wenn er an der Leine ist.

DER BESTE ORT FÜR DIE PAUSE

Damit sich Ihr Hund möglichst frei bewegen kann, sollten Sie für die Pause ein übersichtliches Plätzchen auswählen, wo Sie ihn immer im Auge haben und wo ihm nichts passieren kann. Der schmale Grasstreifen neben einer vierspurigen Straße ist also nicht unbedingt der ideale Ort, es muss aber auch nicht gleich ein Schlosspark oder ein weites Feld am Stadtrand sein. Ein ruhiges Plätzchen aber findet sich eigentlich immer irgendwo.

Möglichst wenig Ablenkung ist vor allem dann wichtig, wenn Sie einen Welpen haben oder erst mit meiner Art des Spaziergangs beginnen. Ihr Hund muss dann schließlich zunächst einmal lernen, dass die Pause zum kurzen Ausruhen nach der geleisteten Arbeit da ist – und soll nicht gleich überfordert sein oder in alte Verhaltensmuster zurückfallen. Aus diesem Grund finde ich persönlich auch eine Hundewiese nicht prinzipiell den richtigen Ort für die Pause. Viel zu oft herrscht dort ein großes Durcheinander und große

In der Pause hat der Hund die Gelegenheit, auch mal nur völlig ausgelassen »rumzuspinnen«.

Aufgeregtheit unter den Hunden, welche das Projekt »Für-mehr-Ruhe-und-Sicherheit-Sorgen« unnötig ins Wanken bringen. Nicht selten genügen schon wenige Minuten, um einen Hund, den man eben durch konzentrierte Arbeit erfolgreich entspannt hat, wieder auf 180 zu bringen. Kontraproduktiv! Besser ist es, zumindest am Anfang, einen Ort zu suchen, an dem Sie unter sich bleiben. Das muss nicht heißen, dass Sie panisch das Weite suchen müssen, wenn doch mal ein anderer Hund auftaucht. Bleiben Sie gelassen: Im Normalfall können zwei Hunde ohne Leine unter sich alles gut regeln, denn ihr natürlicher Instinkt sagt ihnen genau, was sie sich erlauben dürfen – und was nicht. Wenn Sie dagegen nervös werden und Ihren Hund hektisch zu sich rufen, machen Sie die Lage meist nicht besser. Ihr Hund wird dadurch nur ebenfalls unsicher und verhält sich dann nicht so, wie es angebracht wäre (was Sie tun können, wenn der andere Vierbeiner sehr aufdringlich ist und Sie das Gefühl haben, das Ihr Hund sich deswegen nicht wohlfühlt, lesen Sie ab Seite 123).

ZEIT FÜR SICH

Sobald Sie gemütlich stehen bleiben oder sich vielleicht sogar hinsetzen, weiß Ihr Hund instinktiv, dass jetzt Zeit ist zum Schnuppern, um sich zu lösen oder, falls er das noch nicht gleich zu Beginn des Spaziergangs getan hat, sein Geschäft zu erledigen. Während der Pause darf sich Ihr Hund frei bewegen. Lassen Sie ihn aber zunächst stehen oder sich hinsetzen und nehmen Sie ihm die Leine erst dann ab, wenn er ganz ruhig ist. Er

Die Kunst: Den Hund Hund sein zu lassen und ihn trotzdem im Auge zu behalten und notfalls schnell zu reagieren.

soll schließlich nicht aufgeregt in die Freizeit starten, sondern genauso entspannt bleiben, wie er es bis hierher war. Dadurch kann er den Freilauf viel mehr genießen und hält auch den Kontakt zu Ihnen besser.
Wenn er nicht gleich von sich aus losstartet, können Sie ihm durch einen Schritt zurück ohne Worte signalisieren, dass er jetzt erst mal nicht mehr bei Ihnen bleiben muss. Er darf es aber natürlich, wenn er möchte. Viele Hunde lieben es, um Frauchen beziehungsweise Herrchen herumzuschnüffeln, sich neben sie zu legen, wenn sie sich hinsetzen, oder mit ihnen zu spielen (mehr dazu erfahren Sie gleich).

PAUSE AN DER (SCHLEPP-)LEINE

Ist Ihr Hund noch sehr jung, hat er (noch) nicht gelernt, bei Ihnen zu bleiben, und/oder ist die Stelle, an der Sie Pause machen, sehr unübersichtlich, rate ich vom Freilauf in der Pause ab. Denken Sie nur, was passieren könnte, wenn er zum Beispiel zwischen ein paar Hecken hindurchwischt und in ein Auto läuft. Dasselbe gilt, wenn Sie selbst (noch) zu ängstlich sind, ihn von der Leine zu lassen. Denn dann gelingt es auch Ihrem Hund nicht, sich sicher zu fühlen.
Es macht aber auch gar nichts, wenn er in der Pause an der Leine bleibt. Halten Sie einfach ruhig an und die Leine ganz locker. Ihr Hund wird auch dann instinktiv zu schnuppern beginnen und sich umsehen. Gehen Sie entspannt mit, die Leine bleibt dabei immer schön locker. Er braucht nicht zu ziehen.
Sie können in der Pause auch eine Schleppleine benutzen, an der der Hund sich in einem weiteren Radius um Sie herum »frei« bewegen kann. So eine lange Leine ist auch ratsam, solange er den Rückruf nicht einwandfrei beherrscht (siehe Seite 126–127). Allerdings dürfen Sie ihn auch damit nicht einfach zu sich herziehen, wenn er nicht kommt. Sie dient nur zu seiner Sicherheit, nicht als »Angel«. Zu Ihnen kommen muss er von alleine. Anderenfalls lernt Ihr Hund nur, dass die Leine etwas Unangenehmes ist – und dieses negative Gefühl empfindet er dann auch gegenüber der »normalen« Leine.

ÜBUNG: NICHT ALLES FRESSEN

Sie können die Pause auch nutzen, um gezielt zu üben, dass Ihr Hund nicht alles fressen darf, was er unterwegs findet. Denn gerade wenn er alleine herumstromert, wird er sicher immer wieder etwas »Verführerisches« entdecken – und das kann auch mal gefährlich sein.
Lassen Sie im Training zum Beispiel ein Stückchen Wurst fallen und lenken Sie Ihren Hund ab, sobald er es fressen will, indem Sie unerwartet ein Spielzeug herausziehen oder ihn zum Toben auffordern. Was er dadurch lernen soll: Interessant sind Sie, nicht das, was auf der Straße liegt.

Gemeinsam spielen

Stöckchenwerfen und Ballspielen gehören sicher mit zu den beliebtesten Beschäftigungen mit dem Hund. Denn viele Hundebesitzer sind der Meinung, dass sie damit für ausreichend Bewegung sorgen, die in unserem eng getakteten Alltag leider oft zu kurz kommt. Tatsächlich lieben es Hunde zu spielen – mit Artgenossen, aber auch mit uns Menschen. Nur leider ist das gängige Werfen, Zurückbringen, wieder Werfen nicht gerade das Ideale. Im Gegenteil: Auch wenn der Hund auf diese Weise viele Hundert Meter zurücklegt, ist er danach nicht müde, sondern erst recht aufgekratzt. Warum? Weil diese Art des Spielens den Hund enorm aufregt. Körperlich laugt es ihn zwar auf Dauer ganz schön aus, im Kopf aber geht es rund. Mentale Anspannung? Stress? Nervosität? 100 Punkte! Kein Wunder, dass er danach nur sehr schwer wieder zur Ruhe findet.
Es fängt schon damit an, dass Frauchen oder Herrchen ihren Vierbeiner durch mehrfaches Rufen, mit dem Stock (wahlweise auch dem Ball oder einem Frisbee) Herumfuchteln und durch angetäuschtes Werfen so richtig »anheizen«. Zum einen liegt das an der Stimmungsübertragung – Sie wissen schon: aufgeregter Mensch, aufgeregter Hund. Zum anderen wird dadurch aber auch sein natürlicher Jagdinstinkt geweckt. Im übertragenen Sinne wird der Hund aufgedreht, wie ein Aufziehauto – und wenn der Stock, der Ball oder das Frisbee dann irgendwann tatsächlich davonfliegt, muss er ihm wie ferngesteuert hinterherspurten. Er kann einfach gar nicht anders, das ist seine Natur.

Nutzen Sie die Pause, um Ihren Hund noch besser kennenzulernen, zum Beispiel indem Sie gemeinsam spielen.

Weil Hunde nichts mehr lieben als ihren Menschen, bleiben sie auch in der Pause gerne in seiner Nähe.

Mit jedem neuen Wurf wird die Aufregung größer und der Hund muss beinahe zwanghaft dem Ball hinterher. Der Instinkt übernimmt die Führung. Längst bestimmt dann meist auch nicht mehr der Mensch das Spiel. Indem der Hund den Ball immer wieder zurückbringt und zum erneuten Wurf auffordert, ist er zum Spielführer geworden. Er hat die Kontrolle übernommen.

»Aber doch nur beim Spielen«, denken Sie jetzt vielleicht. Doch so einfach ist es nicht. Denn die Rollen werden nicht automatisch wieder vertauscht, wenn der Ball schließlich irgendwann in der Jackentasche oder der Stock im Gebüsch verschwindet. Der Hund versucht stattdessen weiter zu bestimmen, was ab- beziehungsweise wo's langgeht. Versäumt man in so einem Moment, ihn wieder sicher anzuführen, gerät das harmonische Gleichgewicht in der Mensch-Hund-Beziehung recht schnell aus der Balance. Die altbekannten Folgen: Der Hund pirscht nach vorne, zieht an der Leine, kläfft … Wie es sich für einen echten »Kontrollfreak« eben gehört. Auf die falsche Weise mit dem Hund zu spielen hat also ganz schön negative Folgen für die Beziehung.

BALLSPIELEN JA, ABER RICHTIG

Das heißt jetzt nicht, dass Sie nicht mehr mit Ihrem Hund spielen dürfen, im Gegenteil. Sie sollen es sogar, denn was beiden Spaß macht, stärkt die Bindung. Sie dürfen Spielen aber nicht als Mittel benutzen, den Hund müde zu machen. Es ist kein Ersatz fürs Spazierengehen und sollte immer zeitlich begrenzt sein. Wann also wäre ein besserer Zeitpunkt dafür als in der Pause?
Spielen bedeutet, bewusst Zeit miteinander zu verbringen und dem Hund eine Freude zu machen. Dazu gehört, dass Sie ganz bei der Sache sind und nicht gedankenlos einen Ball werfen, während Sie über das Meeting am nächsten Tag nachdenken oder schnell mal die Facebook-Seiten Ihrer Freunde checken. Das ist auch deshalb wichtig, damit der Hund die ganze Zeit über das Gefühl hat, dass Sie das Spiel kontrollieren – nicht er. Wenn Sie dazu nicht die Muße haben, lassen Sie es lieber ganz bleiben und setzen Sie sich einfach hin, während er herumschnuppert oder sich auch ausruht.
Bindungsstärkendes Ballspielen geht so: Gehen Sie in die Hocke, rufen Sie Ihren Hund zu sich und lassen Sie ihn sich hinsetzen. Jetzt legen Sie den Ball vor sich auf den Boden. Will der Hund ihn nehmen oder aufstehen, halten Sie ihn mit der »Stopphand« zurück beziehungsweise bringen ihn wieder ins ruhige »Sitz!«. Das Ganze geht weiter so, bis der Hund verstanden hat, dass der Ball Ihnen gehört. Das zeigt (und respektiert) er, indem er sitzen bleibt und nicht versucht, an den Ball zu kommen. Erst jetzt werfen Sie den Ball. (Eine Stufe anspruchsvoller: Der Hund darf dem Ball erst hinterher, wenn Sie ihm ein Zeichen geben.)

»Ihr Hund solte während des Spielens die ganze Zeit über das Gefühl haben, dass Sie mit allen Sinnen dabei sind.«

Wenn der Hund zurückkommt, wird nicht um den Ball gerangelt. Sie sind schließlich der »Chef« und der hat es nicht nötig, um irgendetwas zu kämpfen. Stattdessen halten Sie den Ball ruhig fest, bis Ihr Hund von alleine sein Maul öffnet und ihn hergibt. Sie können auch nachhelfen, indem Sie sein Maul mit der anderen Hand öffnen.
Bringt der Hund den Ball nicht zurück, warten Sie, bis er ihn irgendwo liegen lässt, gehen ruhig hin und nehmen ihn auf. Will er ihn sich daraufhin wieder schnappen, lassen Sie ihn sich wieder hinsetzen und verwehren

Selbstständig auf Entdeckungstour gehen? Ist erlaubt, solange die Grenzen eingehalten werden.

AUF EINEN BLICK

Damit Spielen die Beziehung stärkt ...
- darf es den Hund nicht müde machen,
- soll es Mensch und Hund gleichermaßen Spaß machen,
- sollten beide mit allen Sinnen dabei sein,
- sollte es nicht für sich stehen, sondern ein Bestandteil des strukturierten Spaziergangs sein (in der Pause).

ihm mit der »Stopphand« wie zu Beginn des Spiels, sich selbst zu »bedienen«.
Wenn Sie (!) Lust haben, können Sie den Ball nun noch einmal werfen (oder auch ein paar Mal). Wichtig ist aber, dass Sie jedes Mal wieder klarmachen, dass der Ball Ihnen gehört und Sie bestimmen, ob und wann es weitergeht. Das ist zugegebenermaßen etwas anspruchsvoller, als ihn einfach immer wieder zu schmeißen. Aber Sie regen dadurch Ihren Hund auch nicht künstlich auf. Und davon hat er letztendlich viel mehr, als wenn er hundertmal dem Ball hinterherrennt.

ANDERE SPIELE

Sie brauchen nicht unbedingt einen Ball, um mit Ihrem Hund zu spielen. Ich persönlich finde es zum Beispiel viel lustiger, einfach so zusammen herumzutoben oder Fangen zu spielen. Schlagen Sie Haken, drehen Sie sich, wechseln Sie die Richtung. Dadurch muss sich Ihr Hund wieder ganz auf Sie konzentrieren – und das stärkt die Bindung.
Sie können auch einfach ein Stück nebeneinander herrennen: Das ist Sport für Sie und Spiel für Ihren Hund.

Oder wie wäre es, wenn Sie sich hinter einem Baum oder Busch verstecken, wenn Ihr Vierbeiner gerade mal nicht auf Sie achtet, und ihn dann rufen? Es dauert zwar in der Regel nur ein paar Sekunden, bis er Sie entdeckt hat, aber das Versteckspiel macht ihm trotzdem Spaß. Und als Belohnung fürs Finden wird wieder ein wenig herumgetobt.
Soll es mal weniger wild zugehen, können Sie sich gemeinsam auf Spurensuche begeben. »Verlieren« Sie zum Beispiel ein Leckerli im Gras und lassen Sie Ihren Hund danach suchen. Oder knien Sie sich hin und »untersuchen« Sie aufmerksam den Boden zu Ihren Füßen. Ihr Hund wird sicher bald dazukommen, um zu schauen, was Sie da Tolles entdeckt haben.

»Ihr Hund will etwas mit Ihnen gemeinsam erleben, daher sollte das Spielen auch beiden Spaß machen.«

Mit einem Becher Wasser kann man dem Hund auf leicht verständliche Art zeigen, dass man für ihn sorgt.

HUNDEVERSTÄNDLICH AUFHÖREN

Auch wenn Sie auf die beschriebene Art und Weise richtig mit Ihrem Hund spielen, müssen Sie ihn, wenn Sie damit aufhören wollen, erst einmal wieder zur Ruhe bringen, damit er »runterkommt« und seine hochgepushte Stimmung nicht auf den weiteren Spaziergang mitnimmt. Mit einem einfachen »Jetzt ist aber Schluss!« ist es dabei nicht getan. Wie auch, Hunde verstehen ja den Sinn dieser Worte nicht. Werden Sie stattdessen lieber selbst einfach wieder ruhig, schlendern Sie ein wenig auf und ab und stecken Sie den Ball (wenn Sie damit gespielt haben) ganz beiläufig in die Tasche. Das alles sind Signale, die Ihr Vierbeiner auch ohne Worte versteht.

»Lassen Sie sich nicht vom Hund motivieren. Nicht er bestimmt, wann gespielt wird, sondern Sie.«

Reagieren Sie nicht, wenn Ihr Hund noch eine Weile versuchen sollte, Sie zum Weitermachen zu animieren. Geben Sie vor allem nicht aus schlechtem Gewissen nach, wenn er nicht gleich aufhört. Sonst konditionieren Sie ihn ungewollt dazu, dass er Sie nur lang genug nerven muss, damit Sie weitermachen. Und das bedeutet wieder, dass er das Spiel kontrolliert …

Für »Wasserratten« ist jede Pfütze ein Paradies, für alle anderen eine willkommene Erfrischung.

Erfrischung gefällig?

Gerade wenn es heiß ist, sollten Sie auf längeren Spaziergängen daran denken, dass Ihr Hund zwischendurch auch mal etwas trinken muss. Wenn Sie nicht gerade an einem See oder Fluss spazieren gehen beziehungsweise wissen, dass es an der Stelle, an der Sie Pause machen, einen Brunnen oder eine andere Wasserstelle gibt, ist es daher ratsam, etwas Wasser dabeizuhaben.

Warten Sie aber den richtigen Moment ab, bevor Sie es Ihrem Hund geben. Wasser ist Belohnung. Daher sollte er es nicht gerade dann bekommen, wenn er vom Spielen ganz aufgekratzt ist, sondern erst, wenn er sich wieder etwas beruhigt hat. Anderenfalls fördern Sie seine aufgeregte Haltung – und das wollen Sie ja eigentlich nicht. Im Grunde gelten daher fürs Trinken unterwegs dieselben Regeln wie beim Füttern nach dem Spaziergang (siehe dazu Seite 138–139).

GEWUSST WIE: »PLATZ!« ÜBEN

Die Pause ist eine gute Gelegenheit, ganz nebenbei und entspannt »Platz!« zu üben. Schließlich ist Ihr Hund sowieso gerade im Entspannungsmodus und wenn Sie es sich selbst am Boden, auf einer Bank, einem Mäuerchen oder einer Stufe bequem machen, wird er sich bestimmt gerne zu Ihnen dazulegen.

Zeichen des Vertrauens

»Platz!« ist in meinen Augen viel mehr als nur die Steigerung von »Sitz!« und eines der wichtigsten Kommandos, die ein Hund beherrschen sollte. Er verknüpft diese Position nämlich nicht nur automatisch mit Ruhe, sondern zeigt dadurch gleichzeitig, dass er dem Menschen, der sie ihm abverlangt, völlig vertraut. »Platz!« ist daher unter anderem immer dann hilfreich, wenn Ihr Vierbeiner in eine Situation gerät, die ihn verunsichert, wie zum Beispiel beim Kontakt mit einem unentspannten Artgenossen (siehe Seite 99 und 124).

So geht's

Um »Platz!« zu üben, setzen Sie sich auf den Boden und laden Ihren Vierbeiner ein, sich neben Sie zu setzen. Für das, was nun kommt, ist am Anfang ein besonderes Leckerli als Motivationshilfe hilfreich: Zeigen Sie Ihrem sitzenden Hund das Leckerli und bewegen Sie die Hand dann immer weiter

Richtung Boden und von ihm weg. Dadurch werden seine Beine automatisch nach vorne und sein Körper nach unten rutschen. Um ihm zu signalisieren, dass er auf dem richtigen Weg ist, können Sie die freie Hand auf seinen Rücken legen und so ganz sachte ein bisschen nachhelfen. Der Körperkontakt gibt ihm zusätzlich Sicherheit. Wenn er die Position eingenommen hat, die er einnehmen soll (wenn er also ganz am Boden liegt), können Sie den Befehl »Platz!« geben, damit er dieses Wort mit dieser Position verknüpft. Sagen Sie das Kommando aber wie beim »Sitz!« genau im richtigen Moment – und nicht, wenn er sich irgendwo zwischen sitzen und liegen befindet. Geben Sie es außerdem immer nur einmal, damit es sich nicht »abnutzt«.

Liegt Ihr Vierbeiner schließlich ganz am Boden, streicheln Sie ihn ruhig. Wuscheln Sie ihm nicht wild durchs Fell oder klopfen Sie seine Flanke. Das regt ihn auf und verhindert, dass er sich entspannt. Genießen Sie lieber die Nähe, dann tut er es auch – und lernt ganz automatisch, dass Sie es sind, der/die ihm Ruhe und Sicherheit schenkt. Alles was er dazu tun muss, ist, sich hinzulegen.

Wenn er das verstanden hat, braucht es auch kein Leckerli mehr. Es genügt die entsprechende Handbewegung (als würden Sie einen Happen auf den Boden legen). Die Ruhe, die Ihr Hund beim Liegen verspürt, ist dann Belohnung genug. Sie zählt schließlich zum Besten, was er von Ihnen bekommen kann.

Wer kommt denn da? Auch ohne Leine muss der Hund nicht auf sich allein gestellt sein.

Unter Hunden

Auch wenn ich selbst nicht unbedingt ein Anhänger von Hundewiesen bin, weiß ich, dass es sehr viele Menschen gibt, die dort gerne hingehen, weil so eine Wiese für sie der Inbegriff des »Hundeparadieses« ist. Ich will das ja auch gar niemandem verbieten. Ein paar Dinge sollten Sie allerdings schon beachten, damit Ihr Hund unter seinesgleichen eine schöne Zeit hat und Ihre Beziehung zueinander nicht leidet.
Zunächst einmal sollten Sie sich aus der Entfernung anschauen, was für Hunde (und Menschen) sich überhaupt dort treffen. Passen Alter und Aktivitätslevel der Tiere zu dem Ihres eigenen Vierbeiners? Wirken die Hunde ausgeglichen oder gibt es viel Zoff? Und was machen die Besitzer? Halten sie Kontakt zu ihren Hunden oder lassen sie sie einfach machen, während sie sich miteinander unterhalten.
Warum das alles? Ganz einfach: Hunde verstehen sich nicht zwangsläufig miteinander. Eine »Meute« Hunde auf der Hundewiese ist zudem wie ein Rudel auf Zeit. Jeder muss darin seine Rolle finden, damit die Stimmung insgesamt entspannt bleibt und es keinen Streit gibt. Dass das Ganze ein dynamischer Prozess ist und die Positionen häufig wechseln, weil ständig jemand Neues dazukommt oder einer geht, macht es nicht einfacher. Wenn Ihr Hund wie beim strukturierten Spaziergang aber bereits eine Zeit lang »nur« neben Ihnen hergelaufen ist, ist er schon in einer Position, die es ihm leicht macht, sich in der Gruppe einzugliedern. In der Pause kann die Hundewiese also durchaus einmal eine Alternative sein. Den geführten Spaziergang selbst kann sie dagegen auf keinen Fall ersetzen. Egal wie gut sich die Hunde auch verstehen mögen.

KOMM DOCH MAL

Unter seinesgleichen verliert ein Hund sein Frauchen oder Herrchen gerne einmal aus dem Blick, weil es wild hergeht und/oder er sich von der Aufregung anderer Hunde anstecken lässt. Umso wichtiger ist es, ihm ab und an zu zeigen, wohin er wirklich gehört: zu Ihnen, an Ihre Seite.

> *»Mit seinesgleichen herumzutoben kann toll sein, aber es ersetzt Ihrem Hund niemals die Zeit mit Ihnen.«*

Im Prinzip ist das ein Rückruftraining unter erschwerten Bedingungen. Dazu rufen Sie Ihren Hund in einem Moment, in dem er zu Ihnen schaut, und gehen dann in die Hocke. Wenn er zu Ihnen kommt, loben Sie ihn ausgiebig, er hat schließlich einiges für Sie »zurückgelassen«.
Damit Ihr Hund nicht vergisst, dass er bei Ihnen Ruhe und Sicherheit findet, empfehle ich außerdem, ihn nicht gleich wieder zurück, sondern sich erst einmal ein Weilchen

Hinlegen hilft dem Hund, unangenehme Situationen besser zu bewältigen – mit menschlicher Unterstützung.

> »Das erfolgreiche Abrufen aus dem Spiel ist gewissermaßen die Königsdisziplin des Rückrufs.«

hinsetzen zu lassen. Dabei können Sie ihn ruhig streicheln (aber nicht durch Wuscheln aufregen). Wenn er das gut macht, darf er anschließend wieder zurück zum Spielen. Lernt Ihr Hund auf diese Weise, dass es etwas Schönes ist, zu Ihnen zu kommen, sinkt die Gefahr, dass er sich (zum Beispiel im Windschatten eines anderen »Rumtreibers«) aus dem Staub macht. Das nämlich kann schnell einmal gefährlich werden.

WEITERGEHEN

Sie sehen schon: Wie das Spiel sollte ein Abstecher zur Hundewiese also nie dazu dienen, den Hund müde zu machen. Oder ihm Unterhaltung zu bieten, weil Sie selbst gerade zu müde dazu sind oder keine Lust haben, sich mit ihm zu beschäftigen. Betrachten Sie die Hundewiese als eine Variante des Spielens – mit ähnlichen Regeln. Das heißt auch: Sie bestimmen, wann Schluss ist. Rufen Sie dann Ihren Hund noch einmal zu sich und lassen Sie ihn sich wieder hinsetzen. Diesmal aber nehmen Sie ihn nach einem kurzen Streicheln ruhig an die Leine und gehen gelassen weiter Ihres Weges.

Achtung, fremder Hund

Selbst der friedlichste Hund ist leider nicht davor gewappnet, von einem unentspannten Artgenossen angekläfft oder sogar attackiert zu werden. Solange Sie Ihren Hund an der Leine haben, können Sie solche ungemütlichen Hundebegegnungen gut steuern (siehe Seite 99). Solange er mit Ihnen »verbunden« ist, wird er sich daher auch in solchen Situationen einigermaßen sicher fühlen. Ist er in der Pause ohne Leine unterwegs, kann das anders sein. Umso wichtiger ist, dass Sie ihm auch dann immer signalisieren, dass Sie die Situation im Griff haben und ihn jederzeit beschützen – er also weder abhauen noch selbst zum Gegenangriff übergehen muss. Sie sind und bleiben die- beziehungsweise

Ist alles gut »überstanden«, baut ruhiges Loben und Streicheln das Selbstbewusstsein wieder auf.

derjenige, der/die die Situation für ihn regelt. Egal ob mit Leine oder ohne.
In den meisten Fällen verlaufen zum Glück auch heftige Attacken glimpflich, weil Hunde instinktiv wissen, wie sie sich drohenden Artgenossen gegenüber verhalten müssen, um ihnen den Wind aus den Segeln zu nehmen und die Lage zu entspannen. Genauso schnell fahren die einen Gang runter, wenn sie sehen, dass der andere ihnen nichts anhaben will. Ist allerdings die Konstellation im Mensch-Hund-Team des »Angreifers« aus den Fugen geraten, kann es durchaus auch einmal sein, dass er sich anderen Hunden gegenüber nicht mehr so verhält, wie es in der Situation angebracht wäre. Schließlich hält er sich dann für den Chef, der alles im Griff behalten muss. Und diese Rolle soll ihm keiner streitig machen.
Ich rate in so einem Fall, nicht abzuwarten, wie weit der andere gehen würde, sondern dem eigenen Hund zu Hilfe zu eilen und die Lage zu entschärfen. Dadurch verhindern Sie, dass diese möglicherweise eskaliert, und zeigen Ihrem Hund gleichzeitig, wie sehr Sie ihn lieben und respektieren.

DIE SITUATION DEESKALIEREN

Im Grunde gehen Sie dazu genauso vor, wie wenn Ihr Hund selbst aufgeregt wäre und andere Vierbeiner anbellt (siehe ab Seite 96). Der erste Schritt: Er soll sich hinlegen. Nicht als Strafe, auch wenn das einige von Ihnen jetzt vielleicht denken. Nein, diese Position vermittelt ihm instinktiv Ruhe und Sie signalisieren ihm zudem die Botschaft: »Du kannst mir vertrauen.« Oder denken Sie, Ihr Hund hat Angst oder fühlt sich getadelt, wenn er sich zu Hause neben Ihren Füßen auf den Boden plumpsen lässt und vielleicht sogar noch den Bauch präsentiert, um sich gemütlich durchkraulen zu lassen? Eben!

»Wenn Sie Ihrem Hund zeigen, dass Sie ihn beschützen, muss er nicht wegrennen. Auch das ist schließlich gefährlich.«

Liegt Ihr Hund, knien oder stellen Sie sich schützend vor ihn und breiten die Arme aus. So zeigen Sie ihm – und dem »Angreifer« – ohne Worte, dass Sie auf ihn aufpassen und ihn beschützen. Positiver Nebeneffekt: Der attackierende Hund sieht, dass Ihr Vierbeiner ihm seine »Chefrolle« keinesfalls streitig machen will. Das nimmt ihm gleich mal etwas Wind aus den Segeln – und nicht selten driftet er einfach ab und zieht von dannen. Bleiben Sie trotzdem weiter in Ihrer schützenden Position, auch wenn der andere vielleicht schon längst weitergelaufen ist, und warten Sie ab, bis sich Ihr Hund beruhigt hat und wieder völlig entspannt wirkt. Erst wenn alle Verunsicherung gewichen ist, lassen Sie ihn wieder aufstehen. Jetzt kann er dort weitermachen, wo er unterbrochen wurde. Er hat wieder einmal gesehen, dass er sich voll und ganz auf Sie verlassen kann.

»Gefahr« gebannt: Wer so viel Halt von seinem Menschen bekommt, ist bald bereit für neue Abenteuer.

GEWUSST WIE: RÜCKRUF ÜBEN

Genauso wenig, wie Ihr Vierbeiner von sich aus weiß, was zum Beispiel »Steh!« oder »Sitz!« bedeuten, versteht er, dass er zu Ihnen kommen soll, wenn Sie »Hierher!« oder »Komm!« rufen.
Die Pause ist eine gute Gelegenheit, dieses Kommando mit ihm zu üben. Dazu legen Sie zunächst für sich ein Gebiet fest, in dem sich Ihr Hund frei bewegen, dessen imaginäre Grenzen er jedoch nicht überschreiten darf. Immer wenn er Anstalten macht, genau das zu tun, machen Sie sich irgendwie interessant: Laufen Sie in die entgegengesetzte Richtung, gehen Sie in die Knie, verstecken Sie sich, suchen Sie etwas im Gras, wedeln Sie mit einem Ast ... Natürlich muss Ihr Hund dazu auch zu Ihnen schauen, sonst bringt es nichts. Passen Sie also gut auf, um den richtigen Augenblick zu erwischen (Sie sehen schon: Auch in der Pause sollte Ihre Aufmerksamkeit Ihrem Hund gelten, nicht dem Handy). Sie können auch einmal (nicht öfter!) seinen Namen rufen, damit er kurz auf Sie achtet.
Macht der Hund kehrt und kommt zu Ihnen zurück, gehen Sie in die Knie, öffnen die Arme einladend und geben das Kommando. Sagen Sie es aber wirklich erst dann, wenn er auf Sie zurennt, sonst verbindet er es nicht mit dem Zurückkommen.
Ist Ihr Hund bei Ihnen, streicheln Sie ihn oder spielen ein bisschen mit ihm. Dann darf er, wenn die Zeit es zulässt, noch einmal ein bisschen »stromern«. Lassen Sie ihn stattdessen gleich wieder los, lernt er zwar, auf Kommando zu Ihnen zu kommen, aber nicht, dass er dann auch bei Ihnen bleiben soll.

Was, wenn der Hund nicht reagiert?

Reagiert Ihr Hund nicht auf Ihre Versuche, sich interessant zu machen, probieren Sie es zunächst noch einmal. Sind Sie abermals erfolglos? Dann brechen Sie für diesmal ab. Es hat keinen Sinn, immer wieder zu rufen oder herumzuzappeln. Im Gegenteil: Dadurch wird es für Ihren Hund ein ganz normales »Hintergrundgeräusch« oder »Hintergrundbild«, auf das es sich nicht zu achten lohnt. Gehen Sie stattdessen ruhig zu ihm und nehmen ihn genauso ruhig an die Leine – ohne ihn zu schimpfen oder anderweitig auf ihn einzureden. Gehen Sie einfach gemeinsam zurück an den Punkt, an dem Sie standen, und beenden Sie gleichzeitig die Pause. Und beim nächsten Spaziergang versuchen Sie es dann einfach wieder von vorne.
Apropos Hintergrundgeräusch: Ich rate davon ab, den Namen des Hundes als akustisches Signal fürs Kommen zu verwenden. Denn den hört er vermutlich den ganzen Tag über ziemlich oft – wobei Sie ihn in den wenigsten Situationen tatsächlich zu sich rufen wollen werden. Sie können den Namen Ihres Vierbeiners gut verwenden, um seine Aufmerksamkeit zu erregen und sein Interesse auf Sie zu richten. Aber dann sollte ein klareres Signal erfolgen, damit er weiß, was genau er tun soll. Zu Ihnen kommen.

ZURÜCK NACH HAUSE

Weil die Pause im Verhältnis zum geführten Teil des Spaziergangs relativ kurz sein sollte, ist es bald schon wieder Zeit aufzubrechen. Für den Hund bedeutet das: Es geht wie zuvor auch an Ihrer Seite weiter.

Egal ob Ihr Hund gerade herumschnüffelt, mit anderen Hunden spielt oder mit Ihnen herumtobt: Weil die Pause nur einen kurzen Teil des strukturierten Spaziergangs ausmacht, ist irgendwann wieder Schluss – und wann das ist, bestimmen Sie, nicht er. Genau das aber fällt Hundebesitzern oft schwer. Sie denken nämlich, dass es für ihren Hund wie eine Strafe wirkt, wenn sie ihn zu sich rufen und wieder anleinen. Da ist es wieder, das Vorurteil, das viele gegenüber der Leine haben. Wenn Sie Ihrem Hund die Leine richtig gezeigt haben und sie für ihn positiv belegt ist (siehe Seite 64–65), ist sie für ihn aber überhaupt nichts Schlimmes. Im Gegenteil: Sie symbolisiert, dass er bei Ihnen sein darf – und Sie bei ihm sind, um auf ihn aufzupassen. Wer denkt, ein Hund würde die Leine generell mit Unfreiheit assoziieren, vermenschlicht ihn. Denn er »unterstellt« ihm dieselben Gedanken, wie er sie selbst hat.

Wieder anleinen

Haben Sie Ihren Hund zu sich gerufen, nehmen Sie ihn entspannt an die Leine und gehen ohne große Worte zielstrebig in die Richtung, in die Sie wollen.

Durch Ihre innere Haltung und Ihre Körpersprache weiß er vermutlich ohenhin gleich, dass er nun wieder bei Ihnen laufen soll. Ist er noch zu unruhig oder will zum Beispiel wieder zurück dorthin, wo er gerade gespielt hat, lassen Sie ihn sich hinsetzen und warten, bis er sich beruhigt hat und auf Sie achtet. Dann starten Sie erneut.

Will er sich partout nicht losreißen, sondern bleibt stehen oder setzt sich hin, müssen Sie ihn ruhig, aber bestimmt zum Mitlaufen motivieren. Sie erinnern sich: Sie halten die Leine, ohne zu ziehen, eindeutig in die Richtung, in die es gehen soll, und gehen zügig los, sobald Ihr Hund den ersten Schritt macht (siehe ab Seite 76).

Sie merken schon: Im Grunde gehen Sie nicht anders vor, als würden Sie zu Hause aufbrechen oder als würde Ihr Hund unterwegs abgelenkt und aufgeregt. Überhaupt gilt einfach wieder die Regel wie vor der Pause: Sie führen ruhig und sicher an, damit Ihr Hund mitlaufen kann, ohne dass er sich groß um irgendetwas kümmern müsste. So funktioniert Beziehungsarbeit.

Angeleint werden ist keine Strafe, sondern zeigt dem Hund auf verständliche Art, zu wem er gehört.

Aufmerksam bleiben

Ich bemerke bei meinen Klienten jedoch oft, dass sie denken, mit der Pause wäre der Höhepunkt des Spaziergangs erreicht, und dass es danach nur noch darum geht, möglichst schnell wieder nach Hause zu kommen. Das ist natürlich nicht der Fall. Warum sollte der Rückweg dem Hund weniger Spaß machen als der Hinweg? Was ihm nun begegnet, kann genauso eine Herausforderung und eine Übung in Sachen Souveränität sein. Zudem besteht durch die »Hetzerei« nach Hause immer die Gefahr, dass Sie selbst nicht mehr bewusst anführen und Ihr Hund nicht die Sicherheit zu spüren bekommt, die er braucht, um sich wohlzufühlen und den Spaziergang zu genießen. Er möchte ein Teil von Ihnen sein und das kann er beim geführten Spaziergang noch deutlicher erleben als während der Pause. Sehen Sie den Rückweg also nicht als notwendiges »Übel«, sondern als weitere Möglichkeit, Zeit mit Ihrem Hund zu verbringen und ihm zu zeigen, dass Sie sich um ihn kümmern und er Ihnen absolut vertrauen kann. Auf diese Weise kann alles, was Sie vor und nach der Pause machen, zu einem positiven Erlebnis für Ihren Hund werden – und mit jedem Meter, den Sie gemeinsam zurücklegen, wächst die Bindung zwischen Ihnen.

Hoppla, Menschen

Wie beim ersten Teil des Spaziergangs werden Sie mit Ihrem Hund auch nach der Pause vermutlich vielen Menschen begegnen. Morgens zum Beispiel laufen manche noch eine Runde, bevor sie arbeiten gehen, andere sind auf dem Weg zur U-Bahn oder zum Bus, Kinder gehen in die Schule … Mittags laufen die Kinder wieder nach Hause, Berufstätige gehen zum Essen und abends wollen alle noch schnell einkaufen, gehen spazieren oder machen Sport.

Größere Menschenmengen machen Hunde oft nervös. Es ist eng, laut und Millionen von Gerüchen (und damit Informationen) strömen auf sie ein. Weil man aber gerade in der Stadt kaum rausgehen kann, ohne auf andere Menschen zu treffen, müssen Sie Ihrem Hund »erklären«, dass auch so eine Situation völlig normal ist und er sich nicht unwohl fühlen muss. Und am besten »erklären« Sie ihm das, indem Sie ihn sicher und gelassen durch das Gewurle führen – an der möglichst kurzen, aber immer noch lockeren Leine. Doch auch ein sicherer Hund wird nicht drum herumkommen, dass ihm einmal jemand auf die Pfote steigt, ihn anrempelt oder wegschubst. Umso wichtiger ist es, dass Sie sichergehen können, dass er nicht genauso respektlos darauf reagiert – auf seine Art: mit Knurren, Zähnefletschen oder gar Schnappen. Lassen Sie so ein Benehmen keinesfalls durchgehen, denn es verfestigt sich schnell. Was also können Sie tun?

Reagiert Ihr Hund unsouverän, braucht er vor allem eins: Ruhe. Die schenken Sie ihm auch in so einer Situation nicht, indem Sie ihn streicheln oder auf ihn einreden. Und schon gar nicht, indem Sie ihn hochheben – auch wenn Sie ihn dadurch schützen wollen. Am schnellsten findet Ihr Vierbeiner zur Ruhe, wenn Sie ihn sich hinsetzen lassen und abwarten, bis er Kontakt zu Ihnen aufnimmt und Sie anschaut. Weil er dann merkt, dass Sie alles im Griff haben. Jetzt können Sie ihm mit der kurzen Leine wieder die Richtung vorgeben und ruhig weitergehen.

Wenn Sie merken, dass diese »Übung« für Ihren Hund besonders anstrengend ist, können Sie anschließend an einer ruhigen Stelle noch einmal eine ganz kurze Pause einlegen und ihn zur Entspannung ein wenig herumschnuppern lassen. Er kann dabei einfach an der Leine bleiben.

Auf dem Nachhauseweg übernimmt der Mensch wieder das »Kommando« – ruhig, souverän und gelassen.

»Ihr Hund orientiert sich immer an Ihnen. Seien Sie ihm also jederzeit ein Vorbild.«

Je unsicherer (oder auch unerfahrener) Ihr Hund ist, desto öfter sollten Sie ihm die Gelegenheit geben, zu lernen, wie er sich unter Menschen richtig benimmt, auch wenn das zeitaufwendig ist und eine Menge Geduld erfordert. Dafür aber können Sie ihn später überallhin mitnehmen – immer in der Gewissheit, dass er den Ausflug an Ihrer Seite ohne großen Stress bewältigen kann. Das ist übrigens der Grund, warum ich auch »Dorfhunden« beibringen würde, im Bus zu fahren, durch eine Fußgängerzone zu gehen oder neben viel befahrenen Straßen zu laufen. Denn dadurch sind sie für alle Fälle gewappnet – und ihre Menschen können mit ihnen unternehmen, was sie wollen.

STREICHELN ERLAUBT?

Manchmal kommen Menschen Hunden auch ohne schlechte Absichten zu nahe. Gerade Welpen, besonders kleine und besonders große Hunde scheinen Menschen geradezu magisch anzuziehen. Die Faszination beschränkt sich dabei nicht auf Ausrufe wie »Wie süß!« oder »Schau mal, ein Pony!«. Schnell schießt auch mal eine Hand vor, um den Hund (ungefragt) anzufassen oder zu streicheln. Für viele Hunde ist das unangenehm, einige empfinden es sogar als Bedrohung und wollen sich schützen – indem sie kurz zuschnappen.

Ich finde es durchaus legitim, dass Hundehalter auf der Straße nicht jedem erlauben, ihren Hund anzufassen, wenn sie merken, dass dieser keinen Kontakt haben will – auch auf die Gefahr hin, deswegen als unfreundlich angesehen zu werden. Denken Sie aber einfach daran, dass Sie diesen Menschen vermutlich nie wiedersehen werden, während Sie sich Ihrem Hund gegenüber sehr respektvoll verhalten haben. Auch dadurch zeigen Sie ihm, dass Sie ihn lieben.

NACH DER PAUSE IST VOR DER PAUSE

Dass der Teil nach der Pause nichts anderes ist als der Teil davor, sieht man sehr schön an längeren Spaziergängen. Da geht es nämlich nach der kurzen Unterbrechung nicht nach Hause, sondern einfach weiter – genauso »gesittet« wie zuvor. Achten Sie auf langen Touren darauf, dass sich geführte Strecken und »Freizeiten« regelmäßig abwechseln, aber so, dass Erstere immer den größeren Anteil einnehmen. Auf diese Weise kann man viele Stunden unterwegs sein, ohne den Hund zu überfordern, und gemeinsam die Natur in vollen Zügen genießen.

Das bedeutet natürlich nicht, dass niemand Ihren Hund streicheln darf. Wenn man Sie höflich danach fragt, können Sie es gerne zu lassen. Achten Sie aber darauf, dass Ihr Hund gerade in einer ausgeglichenen Stimmung ist und Sie das Gefühl haben, dass er sich sicher fühlt. In so einem Moment kann er die Berührung gut aushalten – und vielleicht genießt er sie sogar.

Endspurt

Klienten erzählen mir immer wieder, dass ihre Hunde gerade dann an der Leine ziehen, wenn sie fast zu Hause sind. Und sie vermuten, das läge daran, dass ihre Tiere Hunger hätten. Das stimmt und stimmt auch wieder nicht. Vor allem zeigt der Hund durch das Zerren, dass er noch nicht hundertprozentig verstanden hat, dass sein Frauchen oder Herrchen für ihn verantwortlich ist. Wahrscheinlich wird er dann auch beim anschließenden Füttern eher unruhig abwarten und gierig um seinen Menschen herumwirbeln, bis dieser endlich den Napf auf den Boden stellt. Dabei sollte das Futter doch die Belohnung dafür sein, dass er beim Spaziergang entspannt geblieben ist und Ruhe bewahrt hat (siehe Seite 138–139) – nicht dafür, dass er letztendlich die Sache doch selbst in die Hand genommen hat.
Halten Sie daher auch auf den letzten Metern die Regeln des strukturierten Spaziergangs ein. Lassen Sie den Hund nicht kurz vor der Haustür von der Leine und einfach schon mal vorsprinten. Bleiben Sie ihm bis zum Schluss ein souveränes Vorbild.

So ruhig, wie der Spaziergang losging, sollte er auch enden. Bleiben Sie daher bis zum Schluss aufmerksam.

WIEDER DAHEIM

Spazierengehen auf meine Art ist nicht einfach in dem Moment vorbei, wenn Sie daheim wieder die Haustür aufschließen und die Leine an die Garderobe hängen. Schließlich kommt jetzt noch der krönende Abschluss: Es gibt Futter! Danach ist dann endlich Zeit auszuruhen. Beides gehört zum perfekten Spaziergang dazu. Frei nach dem Motto: Nach dem Gassigehen ist vor dem Gassigehen.

Hunde sind nicht die »Freigeister«, für die viele sie halten und die nur dann glücklich sind, wenn sie ständig neue Abenteuer erleben. Natürlich lieben sie es, gemeinsam mit ihrem Menschen die Welt zu entdecken. Vor allem aber lieben Hunde Struktur. Sie sind ausgeglichener und ruhiger, wenn ihr Leben einem gewohnten Schema folgt. Genau das nämlich hilft ihnen, loszulassen und sich zu entspannen. Und das wiederum ist die Voraussetzung dafür, dass sie in allen Lebenslagen souverän bleiben und tun, was ihre Menschen von ihnen erwarten.

Der perfekte Hundetag wird durch drei Phasen strukturiert: Spazierengehen, Fressen und Ausruhen. Diese Abschnitte wiederholen sich im rhythmischen Wechsel mehrmals, je nach Alter und Verfassung des Hundes. Ein Welpe zum Beispiel muss naturgemäß öfter raus und braucht auch noch mehrere kleine Futterrationen als ein erwachsener Vierbeiner. Ein Hundesenior will vielleicht nicht mehr so viel laufen und mehr schlafen. Trotzdem ist für das Wohlbefinden aller wichtig, dass der Tag klar strukturiert ist. Das heißt nicht, dass Sie ab heute Ihr Leben im ewig gleichen Stundentakt verbringen müssen. Schon allein dadurch, dass Sie die Reihenfolge beherzigen, verhelfen Sie Ihrem Hund zu mehr innerer Ruhe und Gelassenheit. Und weil die Abfolge von Aktivität und Entspannung seiner Natur entspricht, versteht er instinktiv, was Sie von ihm erwarten, und tut sich mit allem, was er lernen soll, leichter. Das gilt nicht nur fürs Gassigehen selbst, sondern auch für die Stunden dazwischen. Dadurch wiederum werden Sie leichter ein eingespieltes Team, in dem jeder weiß, was der andere braucht und dass man sich aufeinander verlassen kann. Zu 100 Prozent.

»Strukturen machen den Kopf frei und helfen dem Hund, sich sicher zu fühlen.«

Lassen Sie sich nicht bedrängen: Der Hund sollte so lange ruhig warten, bis Sie das Futter freigeben.

Richtig füttern

Ich werde oft gefragt, ob es besser ist, den Hund vor dem Spazierengehen zu füttern oder danach. Darauf gibt es für mich nur eine Antwort: Danach! Nicht um eine mögliche Magendrehung oder Ähnliches zu vermeiden, sondern einfach, weil es seiner Natur entspricht. Schließlich müsste er in der freien Wildbahn auch erst »arbeiten«, bevor es etwas zu fressen gibt – egal ob bei der Jagd oder bei der Suche nach weggeworfenen Essensresten. Im Grunde ist das Fressen das Ziel der ganzen Mühen.

Die Arbeit, die Ihr Hund beim Spazierengehen verrichtet hat, war, konzentriert mit Ihnen mitzulaufen. Und es ist nur logisch, dass es als Lohn dafür anschließend etwas zu fressen gibt. Und deshalb gehört Füttern für mich genauso zum Spaziergang wie die Pause zwischendurch – oder das Nickerchen danach (mehr dazu ab Seite 140).

Der Zeitpunkt zum Füttern ist auch deswegen gut gewählt, weil Ihr Hund durch das Mitlaufen ohnehin schon stark auf Sie fokussiert ist. Er akzeptiert in diesem »Modus« viel leichter, dass Sie die Frau oder der Herr über das Essen sind. Und auch das ist wichtig für die glückliche Mensch-Hund-Beziehung.

DAS FUTTER GEHÖRT IHNEN

Wenn Sie einfach den Napf hinstellen, sich vielleicht sogar noch vom Hund bedrängen lassen, weil er es nicht erwarten kann, machen Sie alles kaputt, was Sie durch den strukturierten Spaziergang gerade aufgebaut haben. Ihr Hund ist dann weder ruhig noch akzeptiert er, dass Sie die Dinge um ihn herum für ihn regeln und er Ihnen einfach vertrauen darf. Um ihm genau das weiterhin zu vermitteln, hilft ein einfaches »Ritual«, das übrigens ganz nebenbei wieder eine gute Gelegenheit ist, »Sitz!« zu üben. Wenn Sie die Futterschüssel auf Höhe Ihrer Brust halten, wird sich nämlich der Po Ihres Vierbeiners ganz automatisch nach unten senken. Sobald er den Boden erreicht hat, sagen Sie »Sitz!«. Ihr Hund sollte auch sitzen bleiben, wenn Sie den Napf Richtung Boden bewegen – anderenfalls nehmen Sie ihn eben wieder etwas höher und lassen den Hund sich erneut hinsetzen. Das »Spielchen« kennen Sie jetzt vermutlich schon: Es geht weiter, bis er sitzen bleibt, wenn Sie das Futter abstellen. Auf diese Weise lernt er, dass es erst etwas gibt, wenn er sich beruhigt.

Die »Krönung« kommt aber noch: Ihr Hund sollte sich jetzt nämlich nicht einfach aufs Futter stürzen, sondern warten, bis Sie es freigeben. Und das heißt: Sitzen bleiben, bis Sie mit einem Handzeichen oder einem bestimmten Wort das Signal dafür geben, dass er fressen darf. Bei Bedarf können Sie hier wieder unterstützend die »Stopphand« einsetzen, um den Hund zurückzuhalten.

Ein deutliches Zeichen dafür, dass der Hund verstanden hat, dass Sie über das Essen und den Zeitpunkt, wann er daran darf, bestimmen (mit anderen Worten: dass Sie für ihn sorgen), ist, wenn er seinen Blick vom Napf abwendet und Sie anschaut. Jetzt darf er genießen – und ganz nebenbei haben Sie wieder die Beziehung gestärkt.

Wenn Sie mehrmals am Tag mit dem Hund rausgehen, vielleicht auch nur für kurze Strecken (auf denen aber dieselben Regeln gelten wie bei langen Spaziergängen auch), brauchen Sie ihn danach natürlich nicht jedes Mal zu füttern. Er würde sonst auch viel zu schnell zunehmen und Übergewicht tut keinem Hund gut. Belohnen können Sie ihn trotzdem: mit einer Schale frischem Wasser. Gehen Sie dabei genauso vor wie beim Füttern, damit Ihr Vierbeiner lernt, dass alles Gute von Ihnen kommt. Das stärkt die Bindung und lässt Sie mit der Zeit zu einem immer besseren Team werden.

Wohl bekomm's: Fressen ist die natürliche Belohnung für die Arbeit, die der Hund beim Spaziergang leistet.

Zeit zum Ausruhen

Ich habe es schon gesagt: Spazierengehen auf meine Art macht müde, nicht nur die Muskeln, sondern auch den Kopf. Daher sollten Sie Ihrem Hund, nachdem Sie ihn gefüttert haben, Gelegenheit geben, sich auszuruhen. Diese Ruhephasen braucht er für seine Ausgeglichenheit genauso wie die Bewegung beim Gassigehen. Leider vergessen das viele Hundehalter. Stattdessen denken sie, dass sie ihrem Hund etwas Gutes tun, wenn sie ihm möglichst rund um die Uhr Unterhaltung bieten. Ihnen ist nicht bewusst, dass zu viel Aktivität ihn nicht entspannt, sondern – im Gegenteil – sein Stresslevel dadurch mit der Zeit ins Unermessliche steigt und er dementsprechend ständig unter Strom steht. Wie soll er da ruhig und souverän bleiben?

In freier Wildbahn wäre der Tag eines Hundes klar strukturiert: morgens und abends würde gearbeitet, um Futter zu suchen, dann würde gefressen. Und um genug Energie für die nächste Futtersuche zu schöpfen, müsste er sich dazwischen ausruhen. Das Zur-Ruhe-Kommen ist für das seelische Befinden Ihres Hundes überaus wichtig. Kann er sich nicht genug ausruhen, geht es ihm nicht gut. Das bekommt auch Ihre Beziehung zu spüren, denn wenn der Hund ständig überdreht und gestresst, angespannt und nervös ist, kippt die Stimmung rasch. Es ist also Ihre Aufgabe als verantwortungsbewusster Hundehalter, für genügend Momente der Ruhe zu sorgen.

DAS EIGENE »REICH«

Die Grundlage dafür, dass ein Hund überhaupt zur Ruhe kommen kann, ist, dass er sich sicher fühlt. Und genau dieses Gefühl können Sie ihm durch nichts besser vermitteln als durch den vorausgegangenen strukturierten Spaziergang und das »Futterritual«. Wenn Ihr Hund gearbeitet und gefressen hat, weiß er instinktiv, dass nun eine ruhige Phase folgt. Er fällt also von ganz allein in einen natürlichen »Ruhemodus«, weil sein genetisches Programm ihm sagt, dass er erst einmal alles erledigt hat. Das sollten Sie nutzen und ihn, wenn er nicht ohnehin von selbst darauf kommt, an seinen Platz bringen, damit er schläft. Das fällt ihm umso leichter, wenn er gelernt hat, dass dieser Platz genau dazu da ist (siehe Seite 144–145).

DER PERFEKTE RUHEPLATZ

Ob Ihr Hund in einem Korb, auf einer Babymatratze oder sogar auf einer Ecke des Sofas schläft, ist ihm im Grunde egal. Viel wichtiger ist, dass sich sein Platz an einer Stelle der Wohnung befindet, an der nicht ständig jemand vorbeikommt und ihn dadurch davon ablenkt, was er dort tun soll: sich ausruhen. Sein Bett sollte aber auch nicht so weit entfernt stehen, dass er sich vom Familienleben ausgeschlossen fühlt. Dann fällt es ihm nämlich genauso schwer zu entspannen.

Es ist wichtig, dass jeder Hund einen solchen Platz im Haus hat, an den er sich zurückziehen kann und an den Sie ihn bringen können, wenn er einmal nicht dabei sein soll – ohne dass er dies als Strafe empfindet. Das bedeutet aber auch, dass Sie ihn nicht einfach stören dürfen, wenn er sich von allein dorthin zurückzieht und seine Ruhe will. Das gilt besonders, wenn Sie (kleine) Kinder haben. Jeder in der Familie muss akzeptieren, dass der Hund ein Recht auf Auszeit hat. Halten sich alle daran, wird sich Ihr Hund immer öfter von alleine zurückziehen – er weiß schließlich auch, was ihm guttut. Missverstehen Sie das nicht als Zeichen, dass er nicht bei Ihnen sein will. Freuen Sie sich lieber, dass er sich ganz offensichtlich so sicher fühlt, dass er sich selbst regulieren kann. Er ist dann sorglos und frei und kann das Leben aus vollen Zügen genießen. Sie selbst profitieren davon übrigens auch, denn genauso wie sich Ihre innere Haltung auf den Hund überträgt, überträgt sich auch seine Entspannung auf Sie. Ohne dass Sie es merken, fühlen Sie sich dadurch selbst sicherer und es fällt Ihnen automatisch leichter, Ihrem Hund die Ruhe zu schenken, die er braucht. Ein wunderbarer Kreislauf, der die Bindung immer mehr stärkt.

»Erwachsene Hunde brauchen über den Tag verteilt 16 bis 20 Stunden Schlaf, Welpen sogar rund 22 Stunden.«

Jeder Hund braucht einen Platz, wo er sich ausruhen kann. Notfalls muss man ihn liebevoll darauf hinweisen.

RUHEZEIT IST KUSCHELZEIT

Keine Frage: Miteinander kuscheln ist gut für die Bindung, das ist sogar wissenschaftlich erwiesen. Wenn wir unsere Hunde streicheln, schüttet der Körper das »Wohlfühlhormon« Oxytocin aus, das beispielsweise auch beim Stillen oder beim Liebesakt vermehrt gebildet wird. Und weil Gestreicheltwerden die Oxytocinproduktion genauso ankurbelt wie Streicheln, schweben wir quasi gemeinsam mit unseren Vierbeinern auf Wolke sieben.

Im Grunde gibt es also fast nichts Besseres für die Mensch-Hund-Beziehung als ausgiebige Streicheleinheiten.

Leider aber kann man selbst bei so etwas Schönem wie dem Kuscheln etwas falsch machen: Wer seinen Hund streichelt und liebkost, wenn er gerade aufgeregt oder unsicher ist, »füttert« damit unbewusst das an sich unerwünschte Verhalten. Das liegt daran, dass Hunde unsere Art der Liebe und Zuneigung genau als das Gegenteil davon deuten: Was wir als Trost und aufmerksame Zuwendung

Der Hund muss lernen, auch allein zu entspannen. Mit konsequenter Hilfe klappt das aber recht schnell.

meinen, verstehen sie als Schwäche – und damit genau als das, was sie in so einer Situation nicht brauchen.
Ist Ihr Hund dagegen ruhig und entspannt, kann er Ihre Liebe in vollen Zügen genießen. Und weil sie sich in so einem Moment auch im übertragenen Sinne auf Augenhöhe begegnen, bauen Sie eine richtig starke Verbindung zueinander auf.
Wenn Sie also mal wieder Lust auf ausgiebige Streicheleinheiten haben, wäre nach dem Füttern der richtige Zeitpunkt. Vergessen Sie aber trotzdem nicht, dass Ihr Hund auch ausruhen soll, und ziehen Sie sich zurück, wenn Sie merken, dass es ihm zu viel wird oder er schlafen möchte.

»Mein Platz ist mein Himmelreich!« Nirgendwo liegt es sich nach dem Spazierengehen und Fressen besser.

ALLEIN BLEIBEN ÜBEN

Die innere Ruhe, die sich bei Ihrem Hund nach dem Spaziergang und dem Fressen einstellt, können Sie auch nutzen, um ihm ein paar grundlegende Dinge beizubringen, so wie zum Beispiel das Alleinbleiben. Wenn er müde und ohnehin im »Ruhemodus« ist, fällt ihm das viel leichter als in der aktiven Phase. Bringen Sie dazu Ihren Hund auf seinen Platz, lassen Sie ihn sich hinlegen und gehen Sie dann, ohne viel Aufhebens darum zu machen, weg – erst nur aus dem Zimmer, später auch aus der Wohnung. Wenn er aufsteht, Ihnen hinterherläuft, jault oder bellt, gehen Sie zurück, bringen ihn wieder auf seinen Platz und zur Ruhe und versuchen es gleich noch einmal – so lange, bis er ruhig liegen bleibt. Der Clou ist, jetzt nicht einfach wirklich wegzugehen und erst Stunden später wiederzukommen. Das können Sie später noch oft genug machen (es macht Hunden nämlich gar nichts aus, ein paar Stunden am Tag alleine zu Hause zu bleiben – immer vorausgesetzt, man hat es ihnen rücksichtsvoll beigebracht). Jetzt aber schließen Sie die Türe einfach wieder auf und »kehren zurück«, ohne ein großes Gewese darum zu machen. Beim nächsten Mal bleiben Sie dann schon etwas länger weg, beim übernächsten Mal noch ein bisschen länger … Es soll für Ihren Hund ganz normal werden, dass Sie gehen – und wieder zurückkommen. Wenn Sie sich aufwendig verabschieden, sorgt das nur für Aufregung. Und die verhindert die Ruhe. Genauso ist es mit dem Begrüßen: Gibt es hier eine »Riesenshow«, denkt sich Ihr Hund, dass es auch etwas Besonderes sein muss, wenn Sie gehen, und kann nicht abschalten. Das macht das Alleinbleiben unnötig schwer.

GEWUSST WIE: AN DEN EIGENEN PLATZ GEWÖHNEN

Jeder Hund braucht einen Platz, an den er sich zurückziehen und ungestört entspannen, ausruhen und schlafen kann. Bloß weil Sie ihm einen Korb oder eine Matratze hinlegen, weiß er aber noch nicht, dass das dieser Platz sein soll. Das müssen Sie ihm erst hundeverständlich erklären. Und am einfachsten versteht er es, wenn Sie ihn nach dem Spaziergang und dem Füttern dorthin bringen. Dann ist er bereits müde und schaltet intuitiv auf Entspannung. Setzen Sie sich anfangs gemütlich dazu, streicheln Sie ihn oder legen Sie einfach Ihre Hand auf seinen Rücken. Alles schön ruhig, denn wenn Sie ihm jetzt zum Beispiel wild über den Nacken schrubben oder seine Flanken klopfen würden, käme genau das falsche Signal bei ihm an: Aufregung. Dabei soll er doch abschalten. Wenn Sie dagegen ganz unaufgeregt bleiben, stärkt das innige Beisammensein die Bindung und erleichtert es dem Hund noch einmal abzuschalten. Außerdem wird er sich später immer wieder an dieses angenehme Gefühl der Ruhe und Sicherheit erinnern, wenn er auf seinem Platz liegt. Und genau so soll er sich dort fühlen: gut aufgehoben.

Alleine entspannen

Solange Sie bei ihm sitzen, wird Ihr Hund bestimmt ruhig liegen bleiben. Damit er lernt, dass er das auch dann tun kann, wenn Sie nicht direkt bei ihm sind, setzen Sie sich anfangs nur etwas entfernt hin, sodass er Sie noch sehen kann. Will er zu Ihnen, bringen Sie ihn wieder auf seinen Platz, bleiben kurz bei ihm und entfernen sich dann wieder ein paar Schritte. Bleiben Sie dabei leise, ruhig und unaufgeregt. Mit der Zeit können Sie den Radius immer mehr ausweiten, sodass dass er Sie nur noch hören, aber nicht mehr sehen kann. Oder Sie können sich im Zimmer bewegen, ohne dass er aufsteht und mitläuft – bis Sie irgendwann das Zimmer oder die Wohnung verlassen können (siehe Seite 143).

Wenn ein Welpe bei Ihnen einzieht, sollten Sie ihm seinen Platz gleich beim ersten Nach-Hause-Kommen zeigen (nachdem er gepinkelt hat). Er ist vermutlich so aufgeregt, dass er es genießen wird, hier mit Ihnen zu liegen, zu dösen oder zu schlafen. Dadurch entsteht erste Bindung – und die kann wachsen, wenn Sie es in den nächsten Tagen immer wieder so machen. Warten Sie aber nicht zu lange, ihm zu zeigen, dass er auch ohne Sie entspannen kann. Ein älterer Hund kann ebenfalls noch lernen, auf seinem Platz zur Ruhe zu finden. Sie dürfen aber nicht erwarten, dass er alles sofort automatisch begreift. Gehen Sie genauso vor wie bei einem Welpen und zeigen Sie ihm Schritt für Schritt, wie Entspannung funktioniert.

EIN PAAR WORTE ZUM SCHLUSS

Der strukturierte Spaziergang ist das beste Mittel für eine ausgeglichene Beziehung auf sechs Beinen. Denn er macht Menschen und Hunde gleichermaßen zufrieden. Worauf warten Sie also noch?

Hunde brauchen nicht viel, um glücklich zu sein. Im Grunde genügt ihnen dazu nur ein Mensch – solange der sich so verhält, wie es ihnen guttut. Das Wichtigste dabei ist, dass sie sich auf uns verlassen können. Sie wollen uns blind vertrauen – weshalb wir ihnen immer wieder deutlich machen müssen, dass sie genau das tun können. Dass wir in allen Lebenslagen die Verantwortung für sie übernehmen. Dass sie bei uns sicher sind. Genau dieses Gefühl des Aufgehobenseins brauchen unsere Vierbeiner nämlich, um entspannt an unserer Seite zu leben. Und das wiederum ist die Voraussetzung dafür, dass sie schnell lernen, was wir von ihnen verlangen, und keine Probleme machen. Vor allem aber, dass sie keinen Stress haben. Der wäre nämlich genau das Gegenteil von Glück.

Eine Beziehung auf Augenhöhe

Hunde sind für uns Menschen seit Jahrtausenden treue Freunde und Weggefährten. Anders als unsere zweibeinigen Partner erwarten sie dabei nicht, dass wir ihnen dieselben Rechte einräumen wie uns selbst, im Gegenteil. Sie wollen gar nicht bestimmen, wo es langgeht, und nicht ständig aufpassen müssen, dass alles seinen Gang geht. Das überfordert sie nämlich ziemlich und kann sie auf Dauer sogar richtig krank machen. Hunden ist es viel lieber, wenn ein Mensch diese Aufgaben für sie übernimmt und sie sich keine großen Gedanken machen müssen. Es ist ihnen viel lieber, wenn ihr Frauchen oder Herrchen das für sie macht. Wenn Sie als Hundehalter also klare »Ansagen« machen, brauchen Sie kein schlechtes Gewissen zu haben – immer vorausgesetzt natürlich, dass Sie Ihren Standpunkt zwar konsequent, aber liebevoll vertreten und ihn

»Sie können Ihrem Hund durch nichts besser zeigen, dass Sie ihn lieben, als durch die Sicherheit, die Sie ihm schenken.«

Herumtoben macht Spaß, füllt einen Hund aber nicht aus. Er braucht eine Aufgabe, die ihn auch fordert.

dem Hund so übermitteln, dass er Sie auch versteht. Hunde brauchen, auch wenn dieses Wort in vielen Ohren blöd klingt, Anführer. Sie wollen uns Menschen im wortwörtlichen Sinn folgen, sich an uns orientieren. Genau das entspricht ihrer Natur.

Auf Augenhöhe mit seinem Hund zu sein heißt für mich daher nicht, dass jeder gleich viel bestimmen darf, sondern dass wir die Bedürfnisse des anderen kennen und respektieren. Und das bedeutet im Hinblick auf unsere Vierbeiner unter anderem auch, den Alltag artgerecht zu gestalten.

Struktur sorgt für Ruhe

Würden Hunde wie Wölfe in freier Wildbahn leben, wäre ihr Tag klar strukturiert: Erst würde gejagt, dann gefressen, schließlich geruht – um anschließend wieder zu jagen, zu fressen, auszuruhen ... Dieser Rhythmus tut auch Haushunden gut, weil er ihrem genetischen Erbe entgegenkommt.

Natürlich brauchen unsere Vierbeiner nicht zu jagen, vor allem sollen sie das gar nicht. Daher muss Ersatz her, eine Aufgabe, die sie auf natürliche Art ausfüllt und sie auf eine Art »erschöpft«, dass sie danach ganz automatisch in den »Ruhemodus« verfallen. Genau das vermag der strukturierte Spaziergang zu leisten, der Hunde auf artgerechte Weise auslastet.

Der wiederkehrende Rhythmus von spazieren gehen, fressen (wobei auch das Füttern so strukturiert ablaufen sollte, wie ich es Ihnen auf Seite 138–139 beschrieben habe) und ruhen hat auf Hunde eine ausgleichende

In allen Lebenslagen so gelassen kann ein Hund nur sein, wenn er sich richtig aufgehoben fühlt.

Wirkung. Wenn Sie den gemeinsamen Alltag entsprechend strukturieren, wird Ihr Hund allein dadurch schon ruhiger und die Bindung festigt sich. Oft löst sich bereits deswegen schon das ein oder andere Problem in Luft auf. Und wenn nicht, haben Sie zumindest die besten Voraussetzungen geschaffen, um erfolgreich daran arbeiten, dass es in der Mensch-Hund-Beziehung bald besser läuft.

Mit Freude spazieren gehen

Ich habe auf den vorangegangenen Seiten so viel übers Lernen, Zeigen und Üben geschrieben, dass ich an dieser Stelle unbedingt noch einmal hervorheben möchte, dass Spazierengehen vor allem eins machen soll: Spaß! Den jedoch hat der Zweibeiner nur, wenn sein Hund nicht die ganze Zeit über

»herumspinnt«, und der Hund hat ihn nur dann, wenn er sich nicht verantwortlich fühlen muss. Womit wir wieder beim strukturierten Spaziergang sind. Durch nichts können Sie Ihrem Hund schließlich öfter und einfacher zeigen, dass Sie auf ihn aufpassen. Dass Sie alles im Blick und im Griff haben. Dass Sie auch in kniffligen Situationen gut für ihn sorgen. Kurz: Dass er sich hundertprozentig auf Sie verlassen kann. Die Folge davon ist ein durch und durch entspannter Hund, der sich unterwegs gut benimmt und mit dem – und für den – das Gassigehen daher die reine Freude ist. Genauso, wie man es sich immer gewünscht hat.

Alles auf Anfang

Klar: Am besten wäre, Sie würden den Alltag und den Spaziergang mit dem Hund von Anfang an so klar strukturieren, wie ich es Ihnen in diesem Buch gezeigt habe. Dann nämlich käme es gar nicht erst zu Schwierigkeiten

Wer Ruhe und Sicherheit ausstrahlt, wird ohne Wenn und Aber akzeptiert – und geliebt.

und Unzufriedenheit und Ihr Hund könnte von Anfang an eine sichere Bindung zu Ihnen aufbauen. Es ist aber nie zu spät, etwas zu ändern!

> »Sie können jeden Tag anfangen, die Beziehung zu Ihrem Hund zu verbessern.«

Wenn Sie die Beziehung zu Ihrem Hund verbessern wollen, fangen Sie einfach noch heute an: indem Sie den nächsten Spaziergang auf meine Art machen. Das ist vielleicht erst einmal ungewohnt, womöglich auch anstrengend. Aber ist das ein Spaziergang, bei dem ständig etwas schiefläuft, nicht ebenfalls? Und das wird, wenn Sie nichts verändern, für immer so bleiben – womöglich verschlechtert sich die Situation sogar noch, weil Ihr Hund sich immer unsicherer fühlt und daher immer mehr »Marotten« entwickelt.
Wenn Sie Ihrem treuen Freund dagegen helfen, in seine natürliche Position zurückzufinden, wandelt sich alles zum Besseren. Er kann sich dann wieder voll und ganz auf Sie konzentrieren und sich zeigen lassen, wie ein entspanntes (Hunde-)Leben funktioniert. Dadurch wird nicht nur der Spaziergang (wieder) zu einem Ereignis, das beide genießen können. Auch zu Hause läuft es runder. Mit dem strukturierten Spaziergang schaffen Sie die Basis dafür, dass Ihr Hund alleine zu Hause bleibt, ohne Ihre Wohnung zu zerstören oder die gesamte Nachbarschaft in den Wahnsinn zu jaulen. Sie schaffen die Voraussetzung dafür, dass er nicht (mehr) unaufhörlich bellt, wenn es an der Türe klingelt, und/oder jedem Besucher die Hölle heiß macht. Weil er weiß, dass Sie draußen ein guter »Chef« sind, kann er nämlich auch drinnen »loslassen«. Er kann erfahren, dass es einen Platz gibt, an der er Ruhe findet und an den er sich zurückziehen kann, um zu entspannen.

Auf eine gute Beziehung!

Hunde leben im Hier und Jetzt. Es schert sie nicht, was gestern war, wenn es heute schön ist. Sie handeln nicht rational, sondern reagieren nur instinktiv auf unser eigenes Verhalten. Das macht die Sache eigentlich ganz einfach, denn dadurch können wir sie gut steuern – und der Beziehung zu ihnen eine neue Richtung geben. Hin zum Glück.
Es kann schon einmal ein bisschen länger dauern, bis ein Hund ein unerwünschtes Verhalten ablegt. Denn nicht selten wurde ihm dieses über lange Zeit »antrainiert« – natürlich unbewusst und nicht mit schlechten Absichten. Aber wer am Ball bleibt und jeden Tag aufs Neue seine Verlässlichkeit unter Beweis stellt, wird belohnt. Schließlich gibt es kaum etwas Schöneres, als gemeinsam mit seinem Hund die Welt zu entdecken.

Ich wünsche Ihnen und Ihrem Vierbeiner eine tolle Zeit!

Register

ÜBEN

Bücher und Adressen, die weiterhelfen

BÜCHER AUS DEM GRÄFE UND UNZER VERLAG

Arce, José: **Meine 5 Geheimnisse für eine glückliche Mensch-Hund-Beziehung.**

Arce, José: **José Arce's Praxisbuch.**

Arce, José: **José Arce's Welpenbuch.**

Bendel, Jochen: **Das Wunder der Bindung.**

Bloch, Günther: **Mein Hundewissen.**

Von der Leyen, Katharina: **Angeleint! Das entspannte Leinentraining für Mensch und Hund.**

Wischall-Wagner, Alexandra: **Entspannter Mensch, entspannter Hund.**

ADRESSEN

Verband für das Deutsche Hundewesen (VDH) e. V.
Westfalendamm 174
44141 Dortmund
www.vdh.de

Österreichischer Kynologenverband
Siegfried-Marcus-Straße 7
A–2362 Biedermannsdorf
oekv.at

Schweizerische Kynologische Gesellschaft
Sagmattstraße 2
CH–4710 Balsthal
www.skg.ch

INTERNETADRESSEN

www.jose-arce.com
Internetseite des Autors

INDIVIDUELLE HILFE

José Arce gibt es nicht nur in Buchform. Der Mensch-Hund-Therapeut hilft bei besonderen Problemen auch in individuellen Zwei-Tages-Besuchen und gibt traumatisierten Hundebesitzern wieder Kraft, Mut und Zuversicht. Dadurch können diese die Probleme der Vergangenheit vergessen, mit individuellen Lösungsansätzen wieder Vertrauen in sich selbst finden und die Probleme angehen.
Der Autor bietet außerdem für alle Interessierten Mensch-Hund-Teams regelmäßig Workshops in Deutschland und in der Schweiz an. In theoretischen Gesprächsrunden, vor allem aber bei langen gemeinsamen Spaziergängen erfährt jeder, wie sich Probleme mit dem eigenen Hund erfolgreich lösen lassen und eine einzigartige Beziehung zwischen Mensch und Tier entsteht.
Mehr Informationen und aktuelle Termine finden Sie auf der Webseite des Autors.

DIE WERDEN SIE AUCH LIEBEN.

ISBN 978-3-8338-4146-0

ISBN 978-3-8338-3681-7

ISBN 978-3-8338-6646-3

ISBN 978-3-8338-4849-0

ISBN 978-3-8338-2645-0

ISBN 978-3-8338-3682-4

e Auch als eBook erhältlich.

G|U

Mehr von GU auf **www.gu.de** und **facebook.com/gu.verlag**

Impressum

Projektleitung: Anita Zellner
Mitarbeit am Text und Lektorat: Sylvie Hinderberger
Bildredaktion: Petra Ender, Natasche Klebl (Cover)
Umschlaggestaltung und Layout: independent Medien Design, Horst Moser, München
Herstellung: Susanne Fuhrmann
Satz: Christopher Hammond
Reproduktion: Longo AG, Bozen
Druck & Bindung: aprinta druck, Wemding
Dieses Buch ist auf PEFC-zertifiziertem Papier aus nachhaltiger Waldwirtschaft gedruckt.

ISBN: 978-3-8338-7095-8

3. Auflage 2023

www.facebook.com/gu.verlag

DIE FOTOGRAFIN

Debra Bardowicks ist schon seit ihrer Kindheit von Tieren fasziniert. Mit ihrem Beruf verbindet sie ihre beiden Leidenschaften: Tiere und Fotografie. Als freie Fotografin reist sie für ihre spannenden Projekte um die Welt. Zahlreiche Bilder von ihr findet man in Zeitschriften und Büchern. Tierfotos von Debra Bardowicks gibt es im Internet unter www.animal-photography.de

BILDNACHWEIS

Alle Bilder stammen von Debra Bardowicks.

Syndication:
www.seasons.agency.de

WICHTIGE HINWEISE

Die Haltungsregeln in diesem Buch beziehen sich auf gesunde und charakterlich einwandfreie Hunde. Es gibt Hunde, die aufgrund mangelhafter Sozialisierung oder schlechter Erfahrung mit Menschen in ihrem Verhalten auffällig sind und eventuell zum Beißen neigen. Solche Tiere sollten nur von Hundekennern gehalten werden.

QUALITÄTS G|U GARANTIE

LIEBE LESERINNEN UND LESER,

wir wollen Ihnen mit diesem Buch Informationen und Anregungen geben, um Ihnen das Leben zu erleichtern oder Sie zu inspirieren, Neues auszuprobieren. Wir achten bei der Erstellung unserer Bücher auf Aktualität und stellen höchste Ansprüche an Inhalt und Gestaltung. Alle Anleitungen und Rezepte werden von unseren Autoren, jeweils Experten auf ihren Gebieten, gewissenhaft erstellt und von unseren Redakteur*innen mit größter Sorgfalt ausgewählt und geprüft.

Haben wir Ihre Erwartungen erfüllt? Sind Sie mit diesem Buch und seinen Inhalten zufrieden? Wir freuen uns auf Ihre Rückmeldung. Und wir freuen uns, wenn Sie diesen Titel weiterempfehlen, in Ihrem Freundeskreis oder bei Ihrem Online-Kauf.

Sollten wir Ihre Erwartungen so gar nicht erfüllt haben, tauschen wir Ihnen Ihr Buch jederzeit gegen ein gleichwertiges zum gleichen oder ähnlichen Thema um.

KONTAKT ZUM LESERSERVICE

GRÄFE UND UNZER VERLAG
Grillparzerstraße 12
81675 München
www.gu.de

GRÄFE UND UNZER
Ein Unternehmen der
GANSKE VERLAGSGRUPPE